电力物联
信息采集与应用

国网河南省电力公司焦作供电公司　编

黄河水利出版社
·郑州·

内 容 提 要

本书以电力物联网为研究对象，介绍了电力物联架构，并从信息系统运行维护、电力物联信息应用两个方面介绍了目前电力物联的主要体现形式和数据的应用。主要内容包括电力物联架构中的感知层、传输层、平台层理论介绍；采集点新增与调整、采集终端离线处理、台区总表采集异常处理、低压表采集新装、低压表采集故障处理、低压光伏用户调试、费控运维、电表校时等信息系统运行维护方法；用电负荷监控、费控、线损、三相不平衡分析等多种应用形式。

本书可供从事用电信息采集系统运行维护和电力物联数据应用分析人员参考。

图书在版编目（CIP）数据

电力物联信息采集与应用/国网河南省电力公司焦作供电公司编.—郑州：黄河水利出版社，2019.7
ISBN 978-7-5509-2458-1

Ⅰ.①电… Ⅱ.①国… Ⅲ.①互联网络-应用-电力系统-研究②智能技术-应用-电力系统-研究 Ⅳ.①TM7-39

中国版本图书馆 CIP 数据核字（2019）第 158219 号

组稿编辑：王路平　电话：0371-66022212　E-mail：hhslwlp@126.com

出 版 社：黄河水利出版社　网址：www.yrcp.com
地址：河南省郑州市顺河路黄委会综合楼 14 层　邮政编码：450003
发行单位：黄河水利出版社
发行部电话：0371-66026940、66020550、66028024、66022620（传真）
E-mail：hhslcbs@126.com
承印单位：虎彩印艺股份有限公司
开本：890 mm×1 240 mm　1/32
印张：4.5
字数：130 千字
版次：2019 年 7 月第 1 版　印次：2019 年 7 月第 1 次印刷

定价：25.00 元

《电力物联信息采集与应用》
编写委员会

主　　编　齐文屏

副 主 编　王清霞

编写人员　王学强　崔十奇　宋　涛

　　　　　赵彭真　刘翠红

前　言

随着用电信息采集系统建设工作的稳步推进,国网河南省电力公司焦作供电公司已实现了智能电表全覆盖,用电信息采集系统已成为公司各专业的重要数据来源和应用支撑系统。为深化系统功能应用、响应国家电网公司关于建设运营好坚强智能电网和泛在电力物联网工作的相关要求,国网河南省电力公司焦作供电公司广泛挖掘内部潜力,开拓思想,集思广益,深入分析当前智能电网信息采集框架,努力挖掘数据信息,拓展采集数据应用的深度,加强采集系统与营销、配电等相关系统的数据集成,充分应用采集系统建设成果,在高低压用户信息系统运维工作中取得了一定的工作成果,在费控和线损等电力物联信息应用中获得了一定的经验。

本书密切结合国网河南省电力公司焦作供电公司采集建设的成果和经验,对电力物联信息采集进行了较为系统的研究。全书共分 3 章,主要内容包括:在充分调研的基础上,系统归纳分析了电力物联架构,对系统感知层、传输层、平台层进行了详细的介绍;对专公变及低压计量装置运维工作进行了系统的梳理说明;对电力物联信息采集的功能应用进行了深入的研究分析。

本书在编写过程中得到了国网河南省电力公司焦作供电公司及相关运维部门的大力支持和帮助,许多同志参与了本书的调研和实践工作。在此,谨向为本书的完成提供支持和帮助的单位、所有研究人员表示衷心的感谢！

书中存在的不妥之处，敬请读者朋友批评指正。

编　者

2019 年 5 月

目　录

第 1 章　电力物联架构

用电信息采集系统是目前泛在电力物联的主要实现方式,是对电力用户的用电信息进行采集、处理和实时监控的系统,以实现用电信息的自动采集、计量异常监测、电能质量监测、用电分析和管理、相关信息发布、分布式能源监控、智能用电设备的信息交互等功能。用电信息采集系统广泛运用了高速电力线载波、无线 GPRS、光纤通信等通信技术,结合多类型智能通信设备终端,利用当前先进的数据处理算法、分布式控制技术,实现人工操作便利化、信息传递快捷化、电力应用智能化。

1.1　感知层

1.1.1　采集终端

电能量采集终端是电能信息采集的枢纽,一方面能够采集、存储电能表电能信息、电能表事件;另一方面能够将采集到的数据信息上传到主站系统并对主站系统下发的命令进行转发执行。按照设计类型,电能量采集终端常分为低压集中器、专变终端、厂站终端、北斗抄表终端等。

1.1.1.1　低压集中器

低压集中器是收集各低压采集器或电能表数据,并进行处理储存,同时能和主站或手持设备进行数据交换的设备,如图 1-1 所示。集中器下行使用 485 总线、电力线载波、微功率无线等方式抄读电表数据;集中器下行到载波路由使用的是 376.2 协议,集中器 RS-485 抄表使用的是 DL/T-645 协议;集中器上行使用 GPRS/CDMA 模块、以太网等方式将数据传输到用电信息采集系统;集中器上行使用的是 376.1 协议或面向对象通信协议。

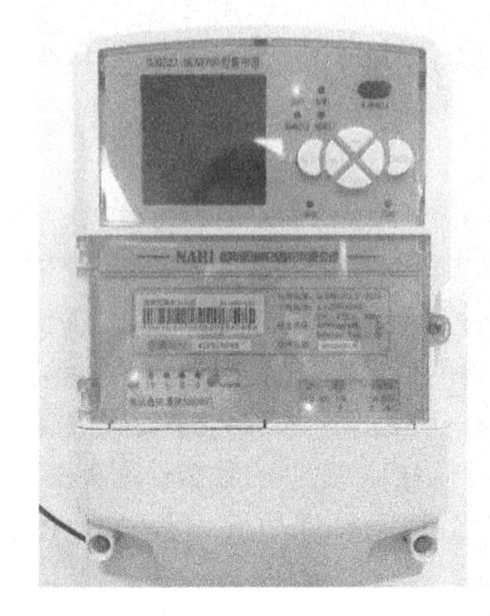

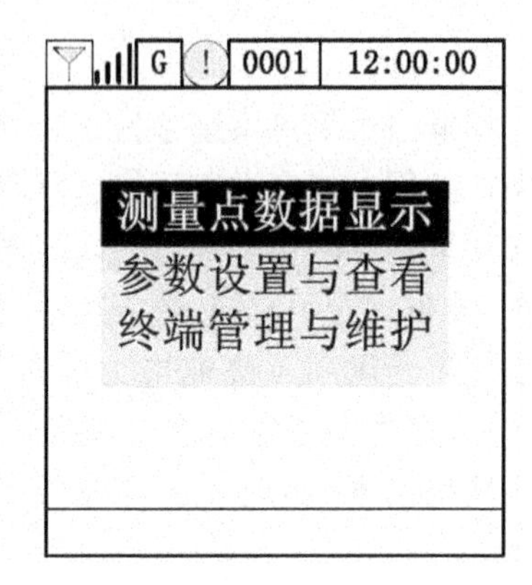

图 1-1

测量点数据显示:可查询电表数据。

参数设置与查看:可设置查看通信通道参数(GPRS)、以太网通道参数、抄表参数、终端地址等。

终端管理与维护:可执行查询终端抄表状态、通信状态、复位等操作。

四个方向键:用于移动光标、选择菜单、选择软键盘输入项等操作。

确认键:进入光标当前选择菜单,输入光标选定内容 。

返回键:表示进入上级菜单画面,字符输入画面下删除一个字符。

集中器应装在台区线路的中心位置,不要装在线路末端,需保证安装位置有稳定的 GPRS/CDMA 信号,避免集中器掉线导致与主站系统通信失败,且注意给各相供电,按照集中器尾盖标识正确接线。

强电端口(三相四线)如图 1-2 所示。

集中器接线一般取 Ua、Ub、Uc 三相电及零线 Un 即可。

弱电端口(13 规范)如图 1-3 所示。

与公变考核表之间需用 485 线进行连接,一般选择 RS－485 Ⅰ 连接。

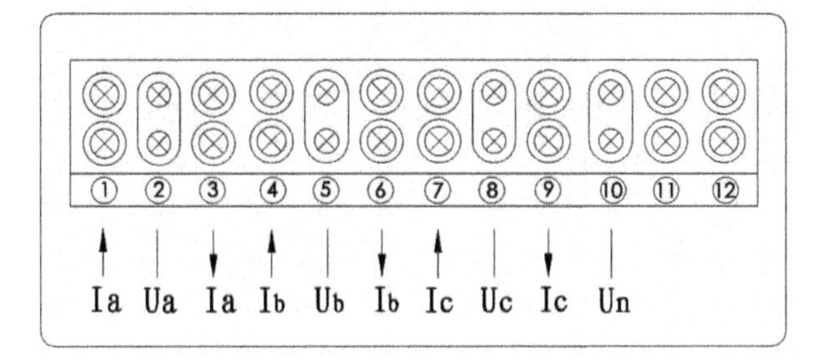

图 1-2

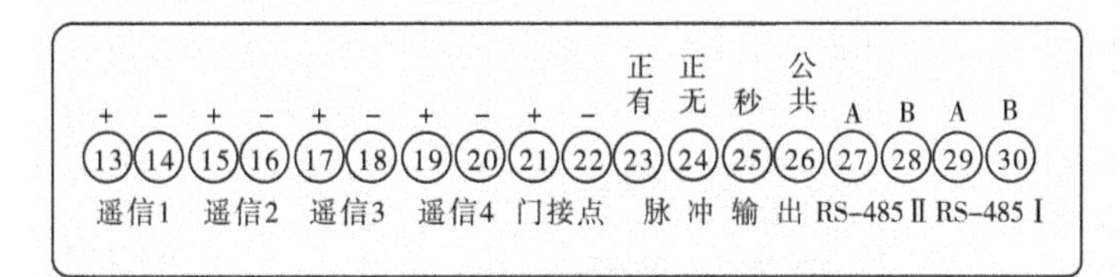

图 1-3

1.1.1.2　专变终端

专变采集终端是对专变用户用电信息进行采集的设备,可以实现电能表数据的采集、电能计量设备工况和供电电能质量监测,以及客户用电负荷和电能量的监控,并对采集数据进行管理和双向传输,简称专变终端。从外观上看,专变终端与集中器的较大区别为,左侧是控制单元模块,而非路由模块。

专变终端如图 1-4 所示。

RS-485 Ⅰ:RS-485 Ⅰ 通信状态指示,红灯闪烁表示模块接收数据,绿灯闪烁表示模块发送数据。

RS-485 Ⅱ:RS-485 Ⅱ 通信状态指示,红灯闪烁表示模块接收数据,绿灯闪烁表示模块发送数据。

轮次灯:轮次状态指示灯,红、绿双色。红灯亮表示终端相应轮次处于拉闸状态;绿灯亮表示终端相应轮次的跳闸回路正常,具备跳闸条件;红、绿交替闪烁表示控制回路开关接入异常;灯灭表示该轮次未投入控制。

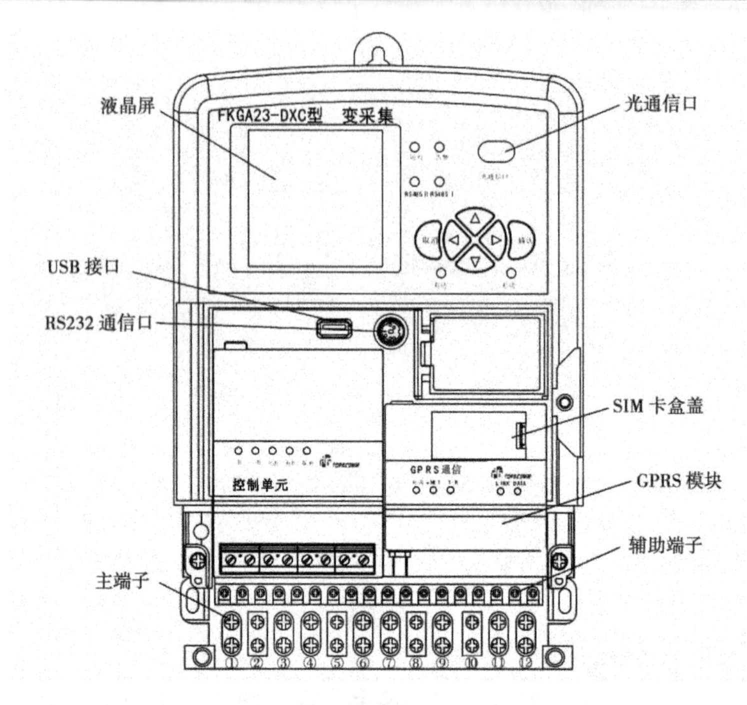

图 1-4

功控灯:功控状态指示灯,红色。灯亮表示终端时段控、厂休控或当前功率下浮控至少一种控制投入,灯灭表示终端时段控、厂休控或当前功率下浮控都解除。

电控灯:电控状态指示灯,红色。灯亮表示终端购电控或月电控投入,灯灭表示终端购电控或月电控解除。

保电灯:保电状态指示灯,红色。灯亮表示终端保电投入,灯灭表示终端保电解除。

电源灯:模块上电指示灯,红色。灯亮表示模块上电,灯灭表示模块失电。

NET 灯:通信模块与无线网络链路状态指示灯,绿色。

T/R 灯:模块数据通信指示灯,红、绿双色。红灯闪烁表示模块接收数据,绿灯闪烁表示模块发送数据。

LINK 灯:以太网状态指示灯,绿色。灯常亮表示以太网口成功建立连接。

DATA 灯:以太网数据指示灯,红色。灯闪烁表示以太网口上有数据交换。

专变终端Ⅲ型端口如图 1-5 所示。

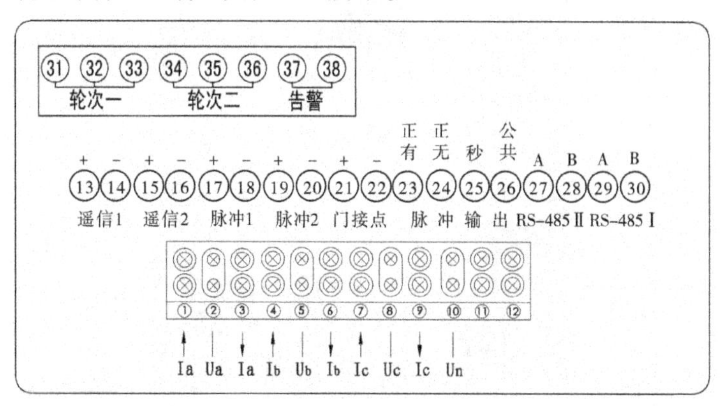

图 1-5

1.1.1.3　厂站终端

厂站电能量采集终端是应用在发电厂和变电站的终端,可以实现电能表信息或开关变位等遥信量信息采集,并进行预处理、存储,经拨号电话、网络、无线等方式传送给主站,简称厂站终端。厂站终端主要面向变电站、大中型电厂、高耗能企业的电能量数据采集终端,主要特点为适合接入电表数量较多、支持电表种类和协议类型丰富,上行通信通道多样,满足多主站接入需求。根据样式可分为壁挂式终端和机架式厂站终端。

壁挂式终端 GPRS 通信模块(见图 1-6)与 V3.0 终端 GPRS 模块通用。模块上有第一路以太网接口。终端左模块称为厂站终端通信模块,模块下方左侧有 SD 卡接口,右侧有第二路以太网接口。模块中部 LED 灯,指示 8 路 RS-485 抄表和第二路以太网的通信状态。

厂站终端具备以下特有功能:

(1)8 路 RS-485 端口,每路支持 32 块接入电能表能力 ,通信速率可选用 300 b/s、600 b/s、1 200 b/s、2 400 b/s、4 800 b/s、9 600 b/s 或以上。

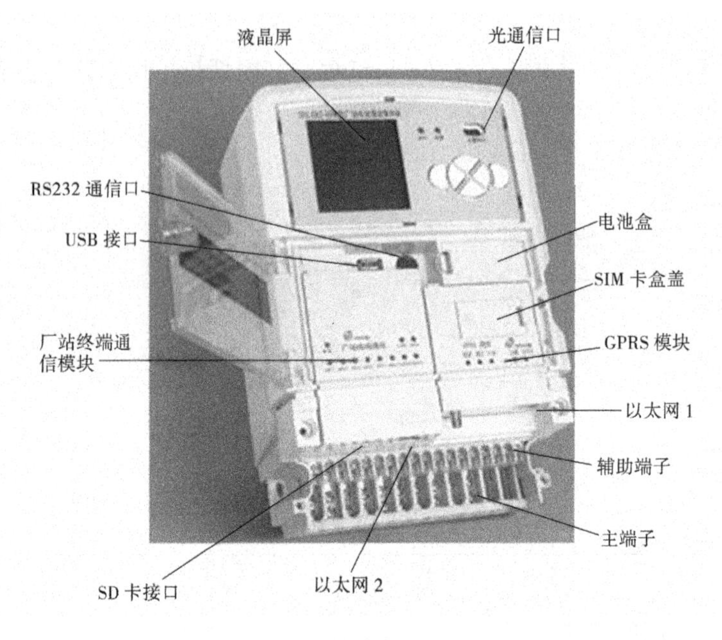

图 1-6

(2)SD 卡支持表档案、重要数据的热备份功能。可随时导出、导入数据。

(3)2 路以太网及 GPRS 通道可同时登陆不同主站,可同时支持多种上行通信规约。

(4)交流、直流电源可同时供电和分别供电,掉电时能够可靠自动切换,做到无缝衔接。

1.1.1.4　北斗抄表终端

目前,电网行业的数据通信应用方式中,主要采用光纤、微波或手机公网(GPRS、CDMA 等)等通道进行通信,而广大人烟稀少山区、牧区、深山中的峡谷水电站等,既无光纤通路,也尚无法保证稳定的公网信号覆盖,在这种地区上述通信方式则显得无能为力。电力北斗抄表终端利用北斗卫星系统短报文服务为通信信道,较好地解决了偏远地区电力抄表难题。

通信原理(见图 1-7)如下所述:

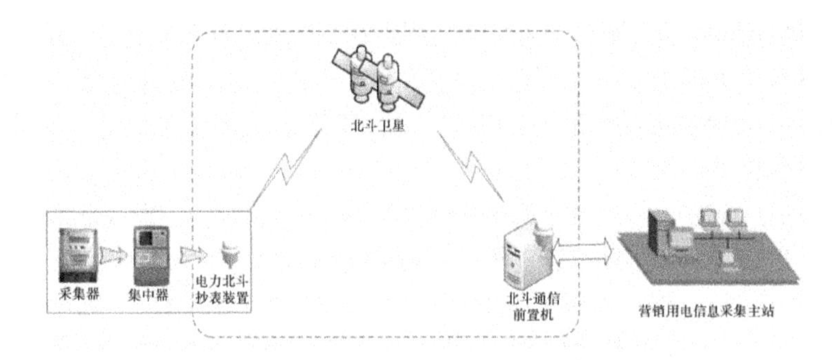

图 1-7

(1)现场侧用电信息采集北斗通信装置。主要利用北斗替换原有GRRS通信通道,通过对集中器侧加装北斗通信装置,实现电表数据的北斗采集回传。

(2)主站侧北斗通信前置服务系统。前置服务端通过架设北斗指挥机,实现对现场终端上报数据的接收,并根据376.1规约模拟集中器对象与主站进行网络通信实现数据交互,完成北斗卫星网络与电力专用内网的数据通信转换。

北斗抄表终端安装示意图如图1-8所示。

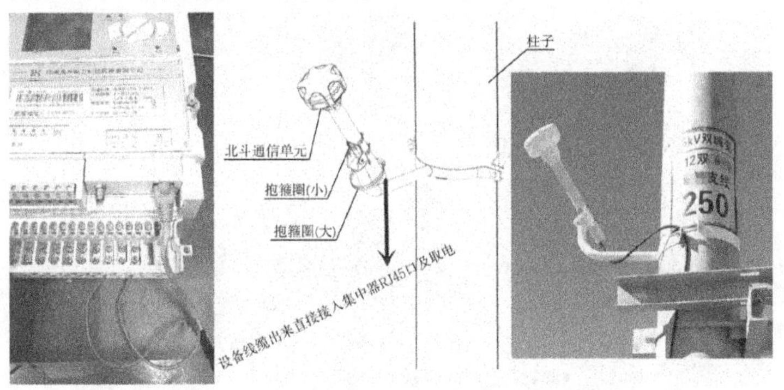

图 1-8

1.1.2　下行通信单元

下行通信单元是低压集中器抄表的核心单元,根据技术特点及信号传播类型可分为窄带载波模块、宽带载波模块、微功率模块、双模模块,以及 NB-IOT 物联网模块。窄带载波模块是当前电力系统运行数量最多、运行数量最广的电能采集单元,其常见厂家有鼎信、东软、瑞斯康、力合微等。

宽带载波模块区分于窄带载波模块的最重要特点是其带宽的升级,其次宽带载波模块具有更高的载波频率,具备信号传输速度快、传输信号广、抗干扰能力强等诸多优点。宽带载波模块的应用将提升用电信息采集系统管理的规范化、标准化水平,实现宽带载波通信模块之间的互联互通,提升用电信息采集系统本地信道的有效性及可靠性,满足日益增长的新型电力业务需求。

双模模块具备载波、无线两种通信方式,主要实现在载波不通的"孤岛节点"时可通过无线方式通信,加强下行通信能力。

1.1.2.1　路由模块

路由模块是集中器本地载波通信模块,负责启动载波中继数据包来实现电力线网络互连。路由模块上行到集中器使用的是 376.2 协议,下行通信按照不同方案厂家的通信协议存在不同,见图 1-9。

图 1-9

电源灯:模块上电指示灯,红色。灯亮时,表示模块上电;灯灭时,表示模块失电。

T/R 灯:模块数据通信指示灯,红、绿双色。红灯闪烁时,表示模块接收数据;绿灯闪烁时,表示模块发送数据。

A 灯:A 相发送状态指示灯,绿色。

B 灯:B 相发送状态指示灯,绿色。

C 灯:C 相发送状态指示灯,绿色。

1.1.2.2　单相、三相窄带载波模块

单相、三相窄带载波模块如图 1-10、图 1-11 所示。

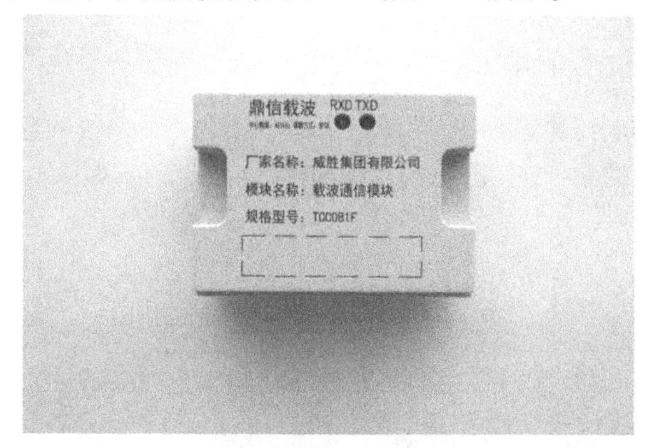

图 1-10

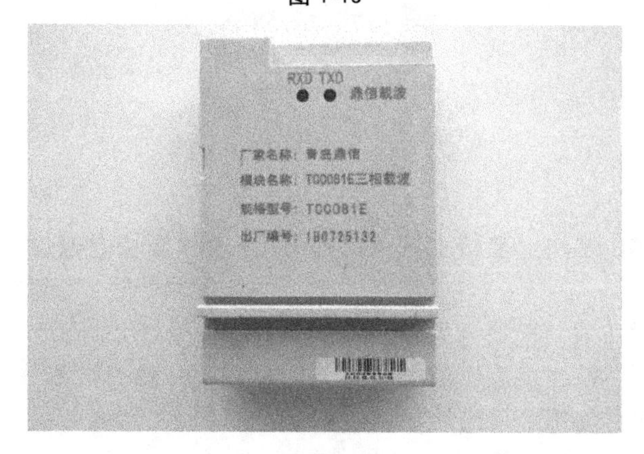

图 1-11

RXD 灯:模块数据通信指示灯,绿色。闪烁表示模块从电网接收到完整报文并匹配地址正确。

TXD 灯:模块数据通信指示灯,红色。闪烁表示模块向电网发送数据。

模块更换可带电操作,电能表无须断电。注意模块不要装反,模块指示灯在上端。插针要安装到位,注意不要出现错位、针歪、安装不到位等问题。正确安装时模块上红色指示灯会闪亮一下。如出现红灯不闪,请核实电能表电压是否正常、电能表是否故障。

1.1.3 上行通信单元

集中器上行通信 GPRS/CDMA 模块负责与主站系统的远程连接,接收远程主站的命令,并完成主站所需信息的上传工作,如图 1-12 所示。

图 1-12

电源灯:模块上电指示灯,红色。灯亮表示模块上电,灯灭表示模块失电。

NET 灯:通信模块与无线网络链路状态指示灯,绿色。

T/R 灯:模块数据通信指示灯,红、绿双色。红灯闪烁表示模块接收数据,绿灯闪烁表示模块发送数据。

LINK 灯:以太网状态指示灯,绿色。灯常亮表示以太网口成功建立连接。

DATA 灯:以太网数据指示灯,红色。灯闪烁表示以太网口上有数据交换。

1.1.4　智能电能表

1.1.4.1　单相智能表

1.外观简图

单相智能表外观简图如图 1-13 所示。

图 1-13

2.接线端口定义

接线端口定义如图 1-14、表 1-1 所示。

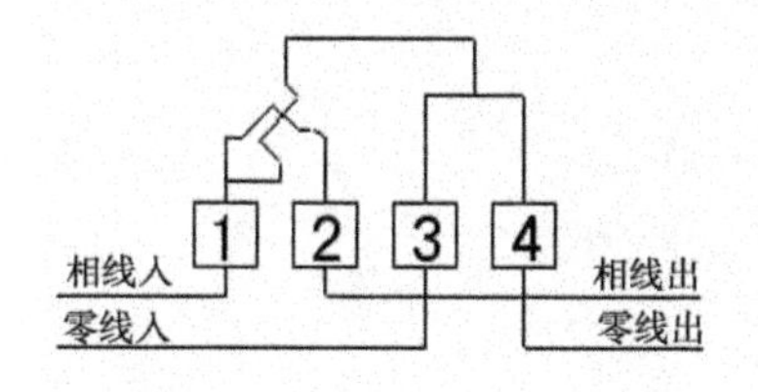

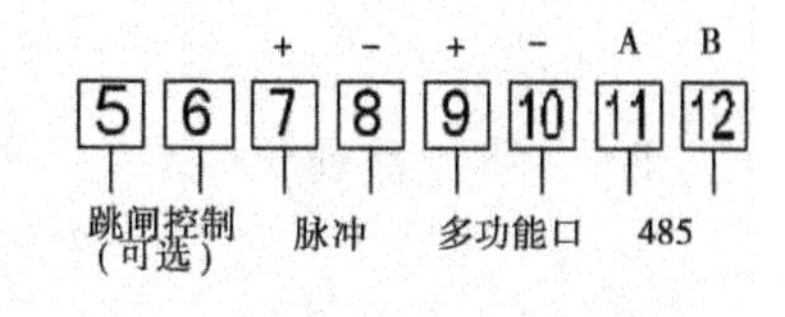

图 1-14

表 1-1

序号	名称	序号	名称
1	相线接线端子	7	脉冲接线端子
2	相线接线端子	8	脉冲接线端子
3	零线接线端子	9	多功能输出口接线端子
4	零线接线端子	10	多功能输出口接线端子
5	跳闸控制端子	11	485-A 接线端子
6	跳闸控制端子	12	485-B 接线端子

3.屏显标识

屏显标识如表 1-2 所示。

表 1-2

LN	从左向右从上到下依次为： 1.红外、485 通信中， 2.实验室状态，显示为测试密钥状态，不显示为正式密钥状态； 3.电能表挂起指示； 4.模块通信中； 5.功率反向指示； 6.电池欠压指示； 7.红外认证有效指示 8.相线、零线

4.通信功能

RS-485 电路通信速率为 1 200~9 600 b/s；

红外电路通信速率为 1 200 b/s，通信距离为 5 m。

1.1.4.2　三相智能表

1.外观简图

三相智能表外观简图如图 1-15 所示。

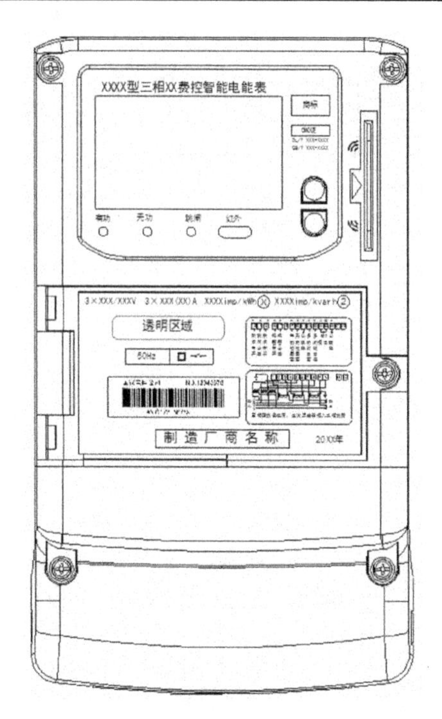

图 1-15

2.接线端口定义

接线端口定义如表 1-3、图 1-16 所示。

表 1-3

序号	名称	序号	名称	序号	名称	序号	名称
1	A 相电流端子	8	C 相电压端子	17	报警端子-公共	24	485 A1
2	A 相电压端子	9	C 相电流端子	18	备用端子	25	485 B1
3	A 相电流端子	10	电压中性端子/备用端子	19	有功校表 高	26	485 公共地
4	B 相电流端子	13	跳闸端子-常开	20	无功校表 高	27	485 A2
5	B 相电压端子	14	跳闸端子-公共	21	公共地	28	485 B2
6	B 相电流端子	15	跳闸端子-常闭	22	多功能口 高		
7	C 相电流端子	16	报警端子-常开	23	多功能口 低		

注:对于三相四线方式,10 号端子为电压中性端子;对于三相三线方式,10 号端子为备用端子。

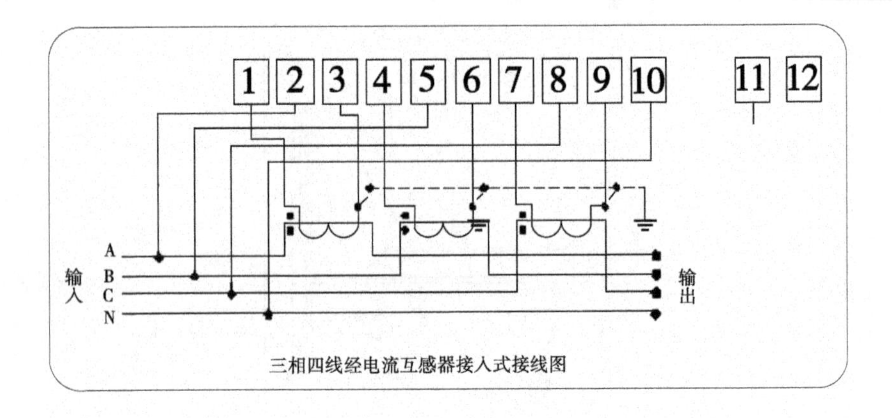
1
2
3
4
5
6
7
8
9
10
11
12
A
B
C
N
输入
输出
三相四线经电流互感器接入式接线图

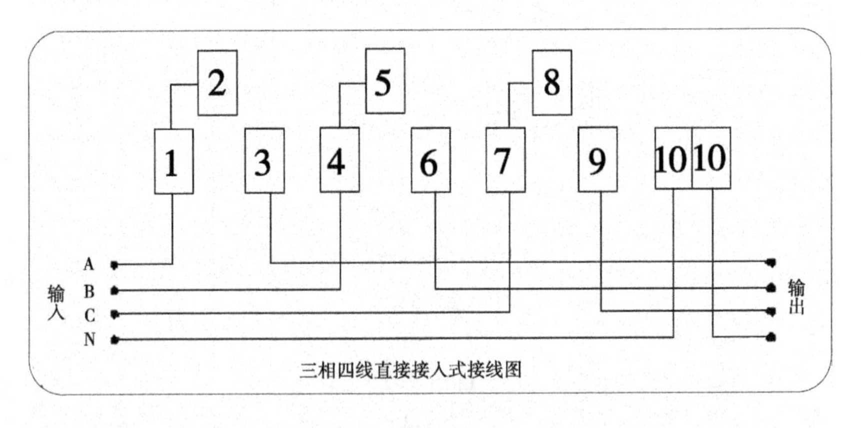
2
5
8
1
3
4
6
7
9
10
10
A
B
C
N
输入
输出
三相四线直接接入式接线图

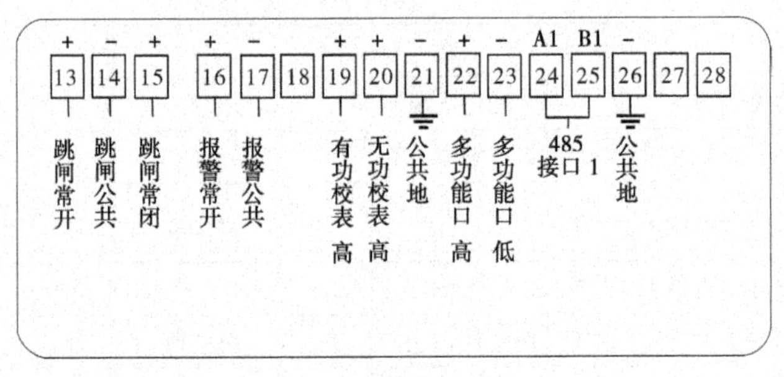
13 + 跳闸常开
14 – 跳闸公共
15 + 跳闸常闭
16 + 报警常开
17 – 报警公共
18
19 + 有功校表高
20 + 无功校表高
21 – 公共地
22 + 多功能口高
23 – 多功能口低
24 A1
25 B1
485接口1
26 – 公共地
27
28

图 1-16

3.屏显标识

屏显标识如表1-4所示。

表1-4

①②	从左向右依次为： 1.①②代表第1、2套时段/费率，默认为时段； 2.时钟电池欠压指示； 3.停电抄表电池欠压指示； 4.无线通信在线及信号强弱指示； 5.模块通信中； 6.红外通信，如果显示“1”表示第1路485通信，显示“2”表示第2路485通信； 7.红外认证有效指示； 8.电能表挂起指示； 9.实验室状态，显示时为测试密钥状态，不显示为正式密钥状态； 10.报警指示
UaUbUc逆相序-Ia-Ib-Ic	从左到右依次为： 1.三相实时电压状态指示，Ua、Ub、Uc分别对应于A、B、C相电压，某相失压时，该相对应的字符闪烁；某相断相时则不显示。三相三线表不显示Ub。 2.电压电流逆相序指示。 3.三相实时电流状态指示，Ia、Ib、Ic分别对应于A、B、C相电流。某相失流时，该相对应的字符闪烁；某相断流时则不显示；当失流和断流同时存在时，优先显示失流状态。某相功率反向时，显示该相对应符号前的“-”

1.1.5 营销服务移动作业终端

图 1-17

“三合一”融合型营销服务移动作业终端借助于无线通信技术、GPS 定位技术及 RFID 等物联网技术,以智能手持设备为载体开展营销服务移动作业应用,实现营销现场智能化作业,满足全能型供电所营配末端融合应用推广的需要。移动作业终端将信息系统部分功能延伸到工作现场,改变了传统的现场作业模式,拓展了服务手段,提高了现场服务效率。台区经理使用营销服务移动作业终端(见图 1-17)在工作现场即可开展营业、计量、配抢业务。

1.2 传输层

用电信息采集系统由通信主站、远程通信、采集终端、本地通信、电能表组成。主站通过无线公网、230 MHz 无线专网、光纤专网等远程通信技术与采集终端交互;采集终端通过窄带电力线载波、宽带电力线载波、微功率无线、RS-485 等本地通信技术与电能表通信。通信技术是实现电力物联的重要基础,它决定了系统的工作原理,也影响着系统的运行效率和可靠性。在实际应用中,虽然各相关系统架构各不相同,但是架构的复杂性主要体现在通信技术层面。

1.2.1 电力线载波(PLC)

电力线载波(power line communication ,PLC)是指利用工频强电的电力线传输高频弱电信号的通信技术。电力线载波通信一般使用3~500 kHz 或 2~30 MHz 的电力线频谱资源,数据传输速率可达 1 kb/s 以上,也是当前公司用电信息采集系统本地通信的主流方案。根据载波带宽,低压电力线载波通信(PLC)可以分为宽带 PLC 和窄带 PLC;根据信号传输电力线电压等级,PLC 可分为低压电力线载波和中压电力线载波。

低压电力线是为用电设备传送电能设计的,并不是为通信设计,因此其信道特性在很多方面难以直接满足载波通信的要求。研究表明,低压电力线信道虽然环境恶劣,存在阻抗匹配性差、噪声干扰不可预测、信号衰减强烈等特点,但仍存在一定的规律性。

电力线载波通信的优缺点如表 1-5 所示。

表 1-5　电力线载波通信的优缺点

优点	缺点
(1)依托电力线,无须敷设通信链路,易施工; (2)后期运行费用低、综合成本低	(1)电力线组网结构复杂; (2)线路干扰噪声强、阻抗变化大、信号衰减大,通信性能易受电网噪声干扰

1.2.2　RS-485

RS-485 是一种采用两条差分电压信号线进行信号传输的通信技术。它由主机、从机和连接电缆组成,传输介质为双绞线,数据传输速率在 1 Mb/s 以下,最大覆盖距离 1 200 m。RS-485 通信的优缺点如表 1-6所示。

表 1-6　RS-485 通信的优缺点

优点	缺点
(1)通信速率高,可满足较大数据量的承载需求; (2)采用差分信号进行数据传输,抗干扰能力强; (3)通信稳定,只要双绞线不出现故障,一般都可保证通信成功率	(1)易受雷电损坏及人为破坏,现场施工困难; (2)布线接线故障点多,须配备外接电源或后备电源,成本较高

1.2.3　M-BUS 总线

M-BUS 是一种由主机控制的分级通信系统。它由主机、从机和两条连接电缆组成。从机之间不能直接交换信息，只能通过主机来转发。M-BUS 技术的传输介质为双绞线，数据传输速率可达 300~9 600 b/s，最大传输距离为 1 000 m 左右。另外，M-BUS 总线可实现采集终端向计量设备远程供电，可解决多表合一水、气、热表无法自取能的问题。M-BUS 总线通信的优缺点如表 1-7 所示。

表 1-7　M-BUS 总线通信的优缺点

优点	缺点
(1)布线简单，只有两条通信线，总线无极性，对布线方式无特殊要求，可并联也可串联； (2)总线供电，可通过通信线路给表计供电，特别适合水、气、热表这类本身无电源供应的表计； (3)通信稳定，抗干扰能力强，只要双绞线不出现故障，一般都可保证通信成功率	(1)与无线通信技术相比，M-BUS 需要布线，而入户布线可能会破坏居民现有的家居设施，从而引发纠纷； (2)长时间现场运行后可能会出现双绞线接头氧化，而更换双绞线接口较为烦琐

1.2.4　微功率无线

微功率无线通信技术是指发射功率不超过 50 MW，覆盖范围数百米，采用 470~510 MHz 频段，具备自组网功能的无线通信技术。微功率无线通信技术组网简单，通信速率可达 10 kb/s。微功率无线通信的优缺点如表 1-8 所示。

表 1-8　微功率无线通信的优缺点

优点	缺点
(1)无须布线,现场工程施工方便; (2)无须向电信运营商缴纳通信费用; (3)组网灵活,数据传输速率较高	(1)在台区范围较大或电磁屏蔽环境,通信效果较差; (2)建筑物屏蔽作用明显,容易出现通信死角; (3)易干扰公共事业设备的使用

1.2.5　无线公网

无线公网是指基于移动蜂窝网的通用分组无线通信技术,其覆盖范围非常大,通信速率可达 100 kb/s 以上。无线公网通信的优缺点如表 1-9 所示。

表 1-9　无线公网通信的优缺点

优点	缺点
(1)无须敷设通信链路,使用方便快捷; (2)不受距离限制,在移动网络覆盖范围内均可有效使用; (3)通信速率较高,可满足四表合一大数据量承载需求	(1)设备费用及运行费用较高; (2)通信稳定性受制于电信运营商,在移动蜂窝网未覆盖地区无法使用; (3)信息安全受限

1.2.6　光纤通信

光纤通信是以光波作为新载体,以光纤作为传输媒介,将信号从一处传输到另一处的一种通信手段,在电力系统中主要应用于语音、数据、宽带业务、IP 等常规电信业务,以及电网自动化方面。在用电信息采集系统中由于光纤敷设条件限制及出于成本考虑,光纤通信应用较少,目前采集终端与主站之间的通信较多使用的还是无线方式。光纤通信的优缺点如表1-10所示。

表1-10 光纤通信的优缺点

优点	缺点
(1)信息传输频带宽,通信容量大; (2)传输损耗低、中继距离长; (3)绝缘、抗电磁干扰性能强	(1)现场施工困难,需重新敷设; (2)敷设成本和维护费用昂贵,易受人为破坏; (3)分路、耦合不灵活

1.2.7 230 MHz无线专网

230 MHz无线专网简称LTE230,是供电公司专用频率的无线网络,是公司为配电网改造升级加速,更好满足配电自动化、用电信息采集、负荷控制等业务发展对通信网络的要求,为电力终端提供通信接入网而打造的专用网络。230 MHz无线专网的建设在推动电力行业智能化、推进公司泛在电力物联网建设进程中起到重要的网络支撑。230 MHz无线专网的优缺点如表1-11所示。

表1-11 230 MHz无线专网的优缺点

优点	缺点
(1)信息传输安全性提高,信息传输可控,保密性好; (2)信息实时性提高; (3)后期运维成本较低	(1)全覆盖难度较大,需要大量基站; (2)无线信号强度保证难度较高

附:各种通信技术的优缺点对比如表1-12所示。

表 1-12　各种通信技术的优缺点对比

通信技术	优点	缺点
电力线载波(PLC)	(1)依托电力线,无须敷设通信链路,易施工; (2)后期运行费用低、综合成本低	(1)电力线组网结构复杂; (2)线路干扰噪声强、阻抗变化大、信号衰减大,通信性能易受电网噪声干扰
RS-485	(1)通信速率高,可满足较大数据量的承载需求; (2)采用差分信号进行数据传输,抗干扰能力强; (3)通信稳定,只要双绞线不出现故障,一般都可保证通信成功率	(1)易受雷电损坏及人为破坏,现场施工困难; (2)布线接线故障点多,须配备外接电源或后备电源,成本较高
M-BUS 总线	(1)布线简单,只有两条通信线,总线无极性,对布线方式无特殊要求,可并联也可串联; (2)总线供电,可通过通信线路给表计供电,特别适合水、气、热表这类本身无电源供应的表计; (3)通信稳定,抗干扰能力强,只要双绞线不出现故障,一般都可保证通信成功率	(1)与无线通信技术相比,M-BUS 需要布线,而入户布线可能会破坏居民现有的家居设施,从而引发纠纷; (2)长时间现场运行后可能会出现双绞线接头氧化,而更换双绞线接口较为烦琐
微功率无线	(1)无须布线,现场工程施工方便; (2)无须向电信运营商缴纳通信费用; (3)组网灵活,数据传输速率较高	(1)在台区范围较大或电磁屏蔽环境,通信效果较差; (2)建筑物屏蔽作用明显,容易出现通信死角; (3)易干扰公共事业设备的使用
无线公网	(1)无须敷设通信链路,使用方便快捷; (2)不受距离限制,在移动网络覆盖范围内均可有效使用; (3)通信速率较高,可满足四表合一大数据量承载需求	(1)设备费用及运行费用较高; (2)通信稳定性受制于电信运营商,在移动蜂窝网未覆盖地区无法使用; (3)信息安全受限

续表 1-12

通信技术	优点	缺点
光纤通信	(1)信息传输频带宽,通信容量大; (2)传输损耗低、中继距离长; (3)绝缘、抗电磁干扰性能强	(1)现场施工困难,需重新敷设; (2)铺设成本和维护费用昂贵,易受人为破坏; (3)分路、耦合不灵活
230 MHz 无线专网	(1)信息传输安全性提高,信息传输可控,保密性好; (2)信息实时性提高; (3)后期运维成本较低	(1)全覆盖难度较大,需要大量基站; (2)无线信号强度保证难度较高

1.3 平台层

1.3.1 电力用户用电信息采集系统

电力用户用电信息采集系统是以 GPRS/CDMA、230 MHz 无线专网、光纤网为通信载体,通过多种通信方式实现系统主站和现场终端之间的数据采集,系统屏蔽通信方式的差异,实现多信道组网,屏蔽硬件设备的差异,兼容多家的终端设备,具有数据采集、远程抄表、用电异常信息报警、电能质量监测、负荷监控管理、线损分析和需求侧管理等功能。系统可实现各类现场设备电能量数据采集,为厂站侧、专变侧、公变侧和低压侧“多合一”一体化采集提供完美解决方案。

电力用户用电信息采集系统充分利用网络通信技术、云计算技术和分布式控制技术,实现可靠的用电信息数据采集、存储和分析等,使其更好地支持公司营销业务,并成为公司经营管理的主要数据支撑系统。同时向公司生产、运营监控分析系统提供实时数据,充分发挥了电网智能化的支撑作用,也为创新服务方式、实施客户多元化互动项目提供了基础数据保障。

电力用户用电信息采集系统登录及工作界面如图 1-18、图 1-19 所示。

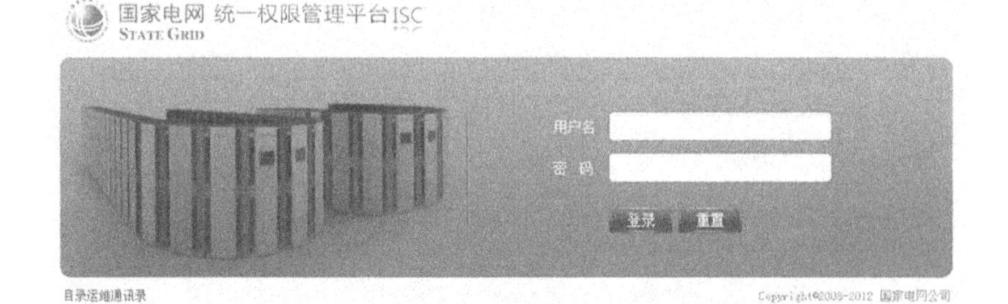

图 1-18

图 1-19

1.3.2　电力营销业务应用系统

电力营销业务应用系统是国家电网公司一体化企业级信息集成平台，该系统规范了营销业务流程，使电网企业营销管理方面的管理水平、业务模式、业务流程达到了统一，形成了公司完整的营销管理、业务标准化体系，实现了"营销信息高度共享、营销业务高度规范。营销服务规范便捷、营销监控实时在线、营销决策分析全面"，促进了公司营销能力和服务水平的快速提升。该系统主要包括应用系统基础操作、查询类基本操作、业扩新装操作、用电检查管理操作、计量资产管理操作、抄表管理操作等。

电力营销业务应用系统登录及工作界面如图 1-20、图 1-21 所示。

图 1-20

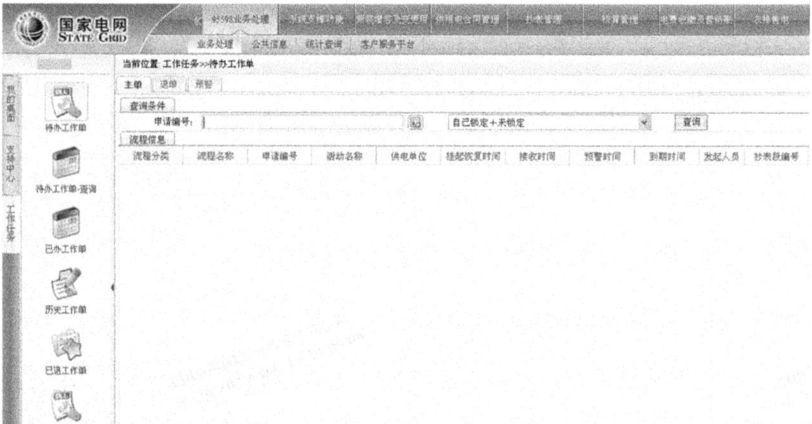

图 1-21

1.3.3　费控平台支撑系统

费控平台支撑系统是针对公司费控业务开发的集成费控策略调整、费控方案变更、费控用户信息查询及异常信息处理的支撑系统，为公司预付费工作推广普及提供系统支撑。

Longshine 平台支撑系统如图 1-22、图 1-23 所示。

图 1-22

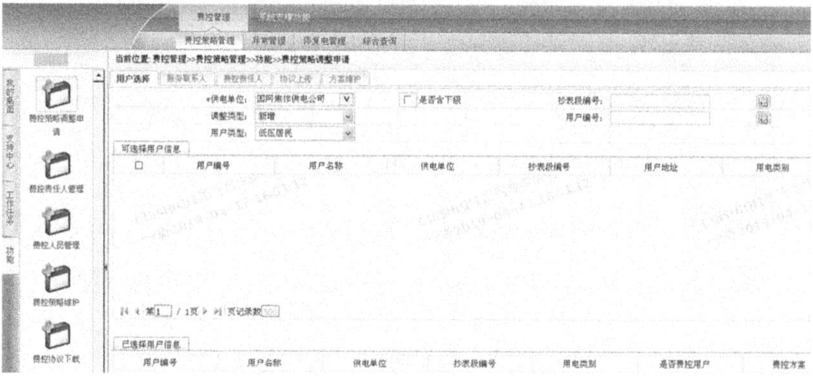

图 1-23

1.3.4　采集运维闭环管理系统

采集运维闭环管理系统从现场设备运行维护、采集系统应用管理和采集系统运行监控三个方面，构建了一套集知识收集、知识形成、知识共享、知识应用为一体的知识库管理体系，实现从异常发现、分析、派工、处理到综合评价的闭环管理。闭环管理系统通过异常监测分析、工单闭环管理、指标考核及评价和基于现场作业移动手持设备的现场应用管理，提升公司对采集业务开展的支撑和管控力度，规范现场作业，提高故障处理效率。常用功能包括系统支撑、两率一损工单管理、手持终端管理、现场补抄、现场停复电、采集异常工单处理、考核指标查询等。

采集运维闭环管理系统登录及工作界面如图 1-24、图 1-25 所示。

图 1-24

图 1-25

1.3.5　计量专业数据挖掘展示中心系统

计量专业数据挖掘展示中心系统是对计量专业业务相关的对标数据、采集数据、线损数据、资产数据等数据信息进行分析、整理、统计的系统，实现计量专业重点对标数据发布、采集指标监控、中低压线损数据监控、计量资产盘点，以及异常数据分析挖掘的系统。

计量专业数据挖掘展示中心系统如图 1-26、图 1-27 所示。

图 1-26

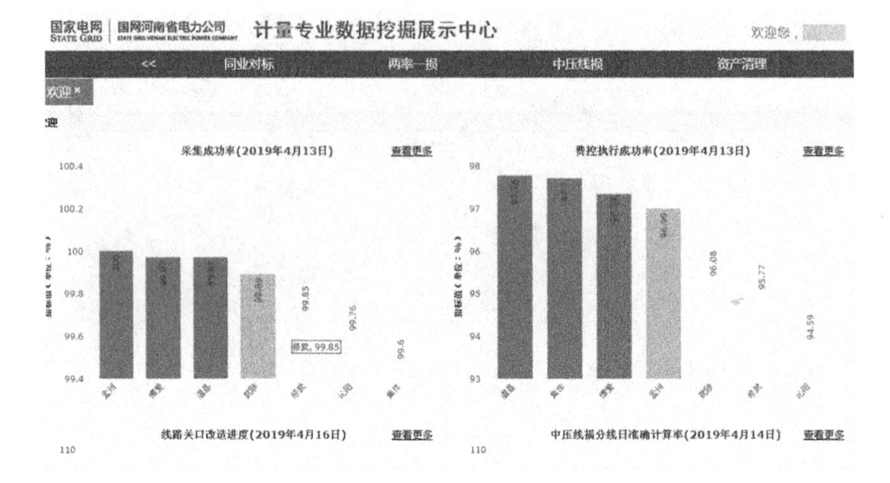

国家电网 STATE GRID
国网河南省电力公司
计量专业数据挖掘展示中心
欢迎您，
<<
同业对标
两率一损
中压线损
资产清理
欢迎
采集成功率(2019年4月13日)
查看更多
费控执行成功率(2019年4月13日)
查看更多
线路关口改造进度(2019年4月16日)
查看更多
中压线损分线日准确计算率(2019年4月14日)
查看更多

图 1-27

第 2 章　信息系统运行维护

2.1　采集点新增与调整

2.1.1　采集终端安装

(1)专变客户应安装专变采集终端,公用变压器应安装集中器。根据不同电压规格须按照终端表尾盖接线示意图正确接线。

(2)采集终端上行通信方式宜选用无线公网、光纤、230 MHz 无线专网。

(3)采集终端应与台区总表安装在同一位置或相邻处,若不便安装则就近加装终端安装箱。也可将终端安装于配电室内,将 RS-485 数据线引至室外电能表处。

(4)采集终端应保证安装位置的牢固、稳定和挂点可靠,避免安装位置有机械振动的情况,终端安装离地面高度应大于 1.5 m。

(5)采集终端安装时,需要考虑运行环境的温度和湿度范围。长期在高温条件下运行,将大幅度缩短设备的使用寿命,应避免安装在阳光直射的箱体中,以及其他热源附近。另外,较高的湿度环境会造成设备内部绝缘度降低,造成意外伤害。放置采集终端的箱体应有防水和排水设计。

(6)采集终端安装应远离高能量电磁环境。若超出规定的高能电磁环境,会导致采集终端运行异常,甚至发生严重事故。因此,安装时,须远离高能磁场、高能电场、高频能源转换设备和高频无线收发设备。此外,需要考虑防雷电措施。

(7)当采用 GPRS 或其他无线信道传输数据时,应确保采集终端安装地点的信号场强长期稳定在 20 dB 以上。对于 GPRS 信号较弱的地下室，若采用 15 m 天线仍然无法获得稳定的场强信号(≥20 dB)，则通过 RS-485 数据线将采集终端移至室外或方便管理的地点，或将 GPRS 通信模块单独移至场强信号合适处。安装在箱变中的采集终端，为确保 GPRS 信道通畅，外置天线应经通风夹层引至箱变外。

(8)采集终端通过 RS-485 串口采集电表的数据。RS-485 通信线建议采用 2 芯屏蔽通信线，线径不小于 0.5 mm，最大接入线径为 2.0 mm。终端 RS-485 接口的 A 端(RS-485 的"+"极)与电表 RS-485 接口的 A 端(或 A+端)相连，RS-485 接口的 B 端(RS-485 的"-"极)与电表 RS-485 接口的 B 端(或 A-端)相连。

2.1.2　采集点新增

采集终端的安装及台区总表的采集须在营销系统中进行采集点新增流程，完成营销及电采系统采集点建设工作。操作路径：营销系统【电能信息采集】→【采集点设置】→【功能】→【终端方案制定】，如图 2-1 所示。

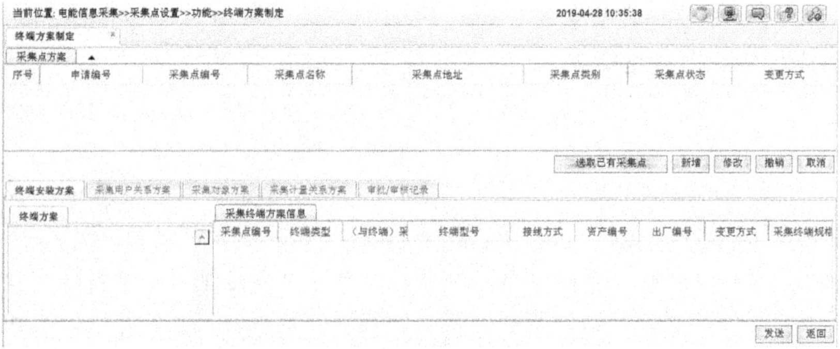

图 2-1

点击【新增】，在弹出的对话框内点击【安装所在台区】，如图 2-2 所示。

输入台区名称，点击【查询】，如图 2-3 所示。选中查询到的台区信息，点击【确定】，如图 2-4 所示。

如图 2-5 所示采集点安装台区已确定，点击【保存】。

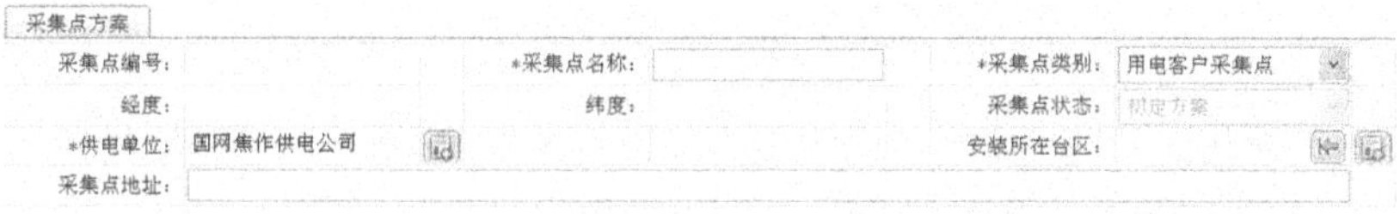

采集点方案

采集点编号：　*采集点名称：　*采集点类别：用电客户采集点

经度：　纬度：　采集点状态：初定方案

*供电单位：国网焦作供电公司　安装所在台区：

采集点地址：

图 2-2

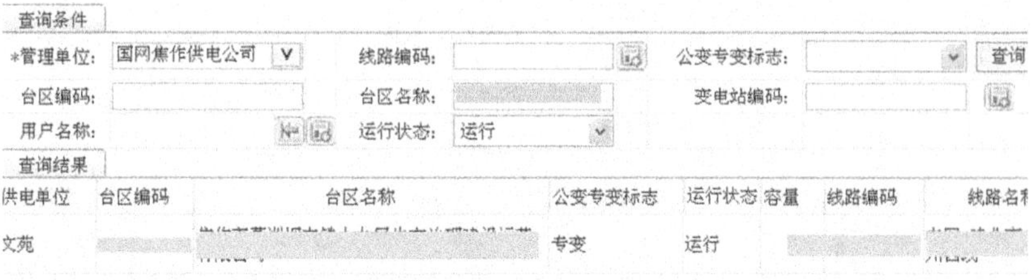

查询条件

*管理单位：国网焦作供电公司　线路编码：　公变专变标志：　查询

台区编码：　台区名称：　变电站编码：

用户名称：　运行状态：运行

查询结果

供电单位	台区编码	台区名称	公变专变标志	运行状态	容量	线路编码	线路名称
文苑	[illegible]	[illegible]	专变	运行		[illegible]	[illegible]

图 2-3

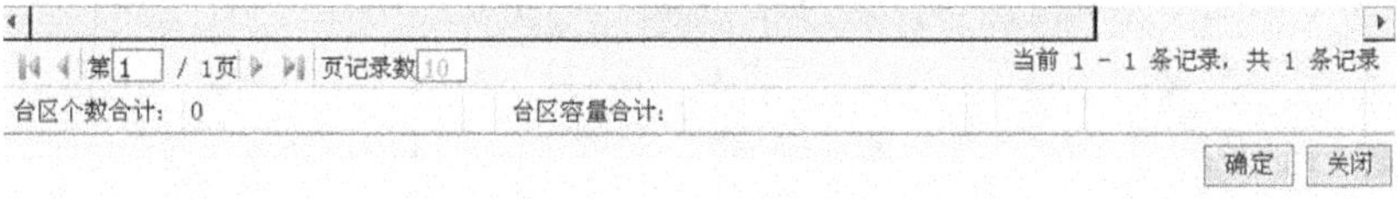

第 1 / 1页　页记录数 10　当前 1 - 1 条记录，共 1 条记录

台区个数合计：0　台区容量合计：

确定　关闭

图 2-4

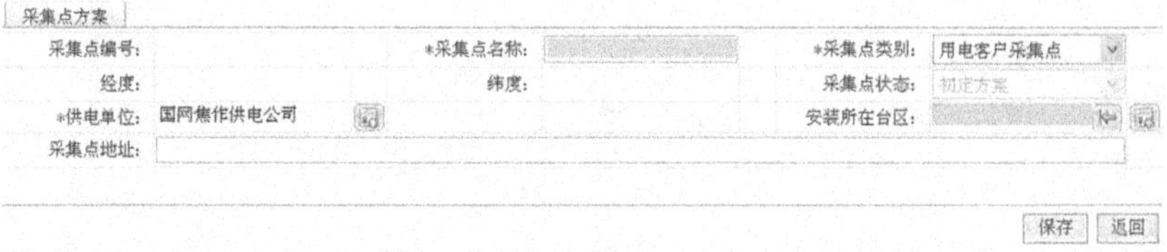

采集点方案

采集点编号：　*采集点名称：　*采集点类别：用电客户采集点

经度：　纬度：　采集点状态：初定方案

*供电单位：国网焦作供电公司　安装所在台区：

采集点地址：

保存　返回

图 2-5

点击左下方【新增】，填写终端信息，如图 2-6 所示。

填写【终端类型】（专变台区需选择负荷控制终端，公变台区选择低压集中器）、【采集方式】，点击【保存】，如图 2-7 所示。

点击【采集对象方案】，再点击右下方【增加】，将营销中需要采集的电表进行添加，需选择【供电单位】到具体供电所，点击【查询】，如图 2-8所示。

点击【>>】添加所需电表，如图 2-9 所示。

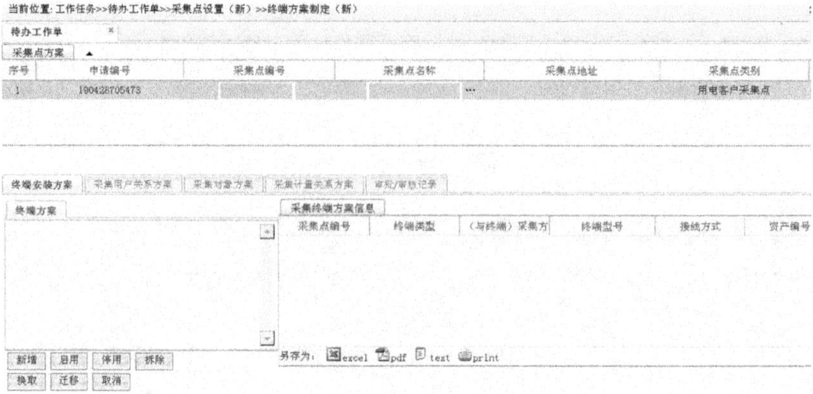

当前位置: 工作任务>>待办工作单>>采集点设置（新）>>终端方案制定（新）

待办工作单

采集点方案

序号	申请编号	采集点编号	采集点名称	采集点地址	采集点类别
1	190428705473			…	用电客户采集点

终端安装方案　采集用户关系方案　采集对象方案　采集计量关系方案　审批/审核记录

终端方案

采集终端方案信息

采集点编号	终端类型	（与终端）采集方	终端型号	接线方式	资产编号

另存为：excel　pdf　text　print

新增　启用　停用　拆除

换取　迁移　取消

图 2-6

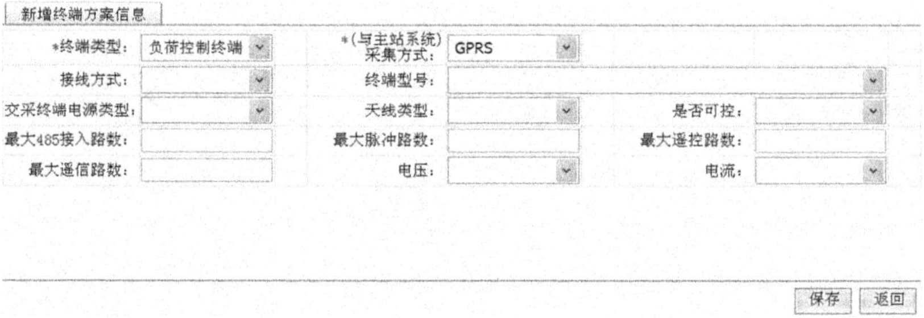

新增终端方案信息

*终端类型：负荷控制终端　*(与主站系统)采集方式：GPRS

接线方式：　终端型号：

交采终端电源类型：　天线类型：　是否可控：

最大485接入路数：　最大脉冲路数：　最大遥控路数：

最大遥信路数：　电压：　电流：

保存　返回

图 2-7

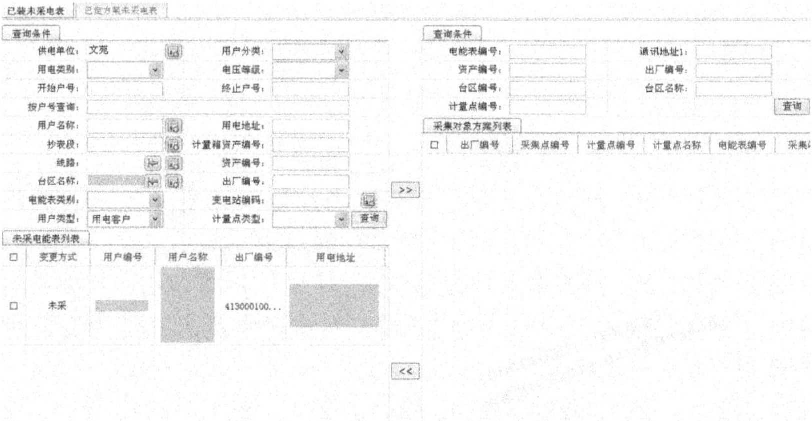

已装未采电表　已定方案未采电表

查询条件

供电单位：文宛　用户分类：

用电类别：　电压等级：

开始户号：　终止户号：

按户号查询：

用户名称：　用电地址：

抄表段：　计量箱资产编号：

线路：　资产编号：

台区名称：　出厂编号：

电能表类别：　变电站编码：

用户类型：用电客户　计量点类型：　查询

未采电能表列表

□	变更方式	用户编号	用户名称	出厂编号	用电地址
□	未采			413000100...	

>>　<<

查询条件

电能表编号：　通讯地址1：

资产编号：　出厂编号：

台区编号：　台区名称：

计量点编号：　查询

采集对象方案列表

□	出厂编号	采集点编号	计量点编号	计量点名称	电能表编号	采集

图 2-8

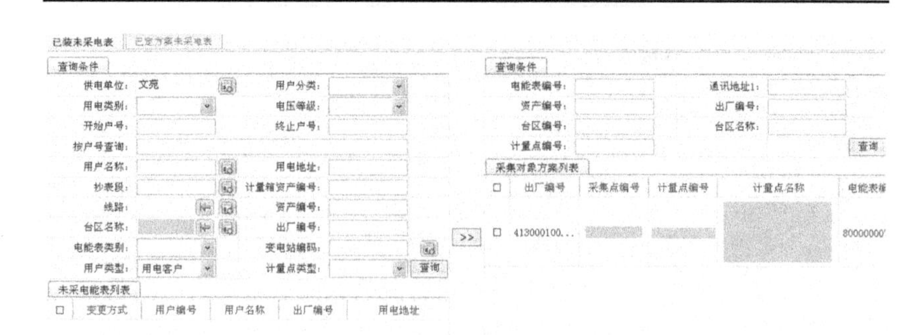

图 2-9

关闭对话框，回到如图 2-10 所示界面。

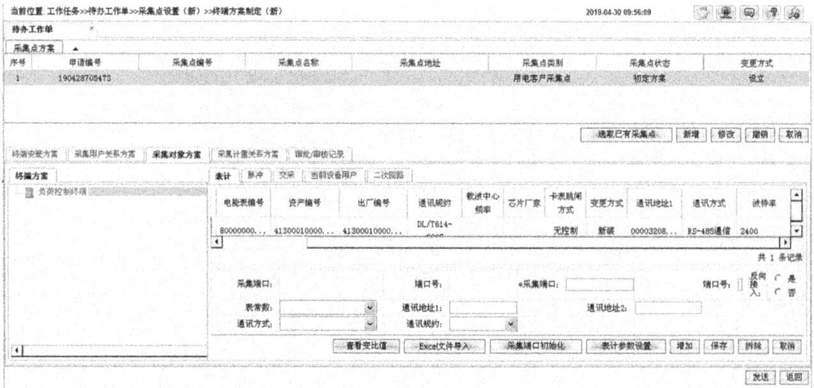

图 2-10

选择总表信息，点击【保存】、【发送】，进入方案审查环节，如图 2-11所示。

双击工单，在出现的对话框内点击【发送】，如图 2-12 所示。

进入勘查派工环节，选择接收人员，点击【发送】，如图 2-13 所示。

进入勘查录入环节，选择终端安装位置后，点击【保存】、【发送】，如图 2-14 所示。

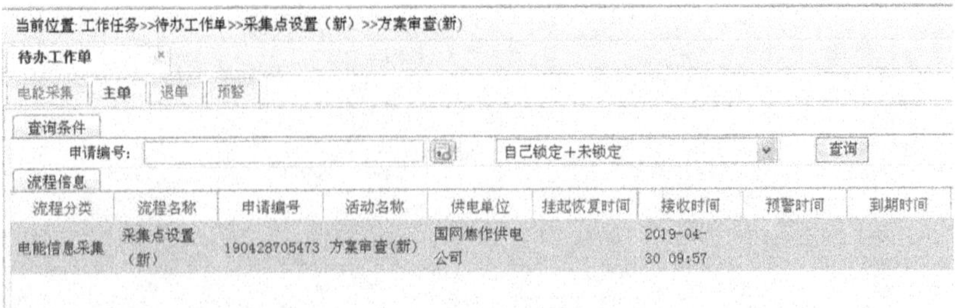

当前位置:工作任务>>待办工作单>>采集点设置(新)>>方案审查(新)

待办工作单

电能采集 | 主单 | 退单 | 预警

查询条件

申请编号: 自己锁定+未锁定 查询

流程信息

流程分类	流程名称	申请编号	活动名称	供电单位	挂起恢复时间	接收时间	预警时间	到期时间
电能信息采集	采集点设置(新)	190428705473	方案审查(新)	国网焦作供电公司		2019-04-30 09:57		

图 2-11

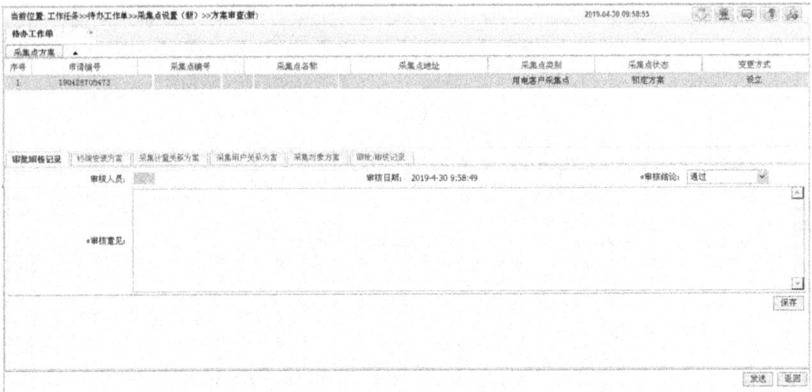

当前位置:工作任务>>待办工作单>>采集点设置(新)>>方案审查(新) 2019-04-30 09:58:55

待办工作单

采集点方案

序号	申请编号	采集点编号	采集点名称	采集点地址	采集点类别	采集点状态	变更方式
1	190428705473				用电客户采集点	拟定方案	设立

审批/审核记录 | 终端安装方案 | 采集计量关系方案 | 采集用户关系方案 | 采集对象方案 | 审批/审核记录

审核人员: 审核日期: 2019-4-30 9:58:49 *审核结论: 通过

*审核意见:

保存

发送 返回

图 2-12

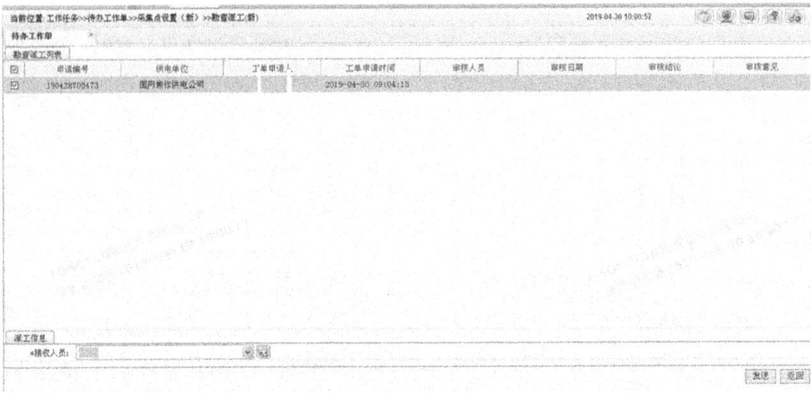

当前位置:工作任务>>待办工作单>>采集点设置(新)>>勘查派工(新) 2019-04-30 10:00:52

待办工作单

勘查派工列表

☑	申请编号	供电单位	工单申请人	工单申请时间	审核人员	审核日期	审核结论	审核意见
☑	190428705473	国网焦作供电公司		2019-04-30 09:04:15				

派工信息

*接收人员:

发送 返回

图 2-13

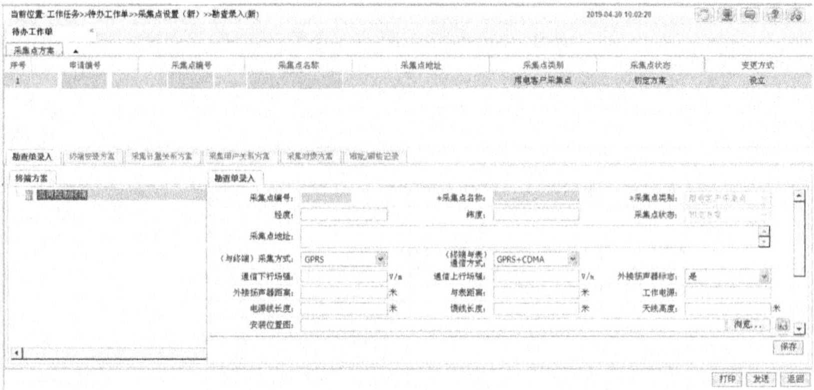

当前位置:工作任务>>待办工作单>>采集点设置(新)>>勘查录入(新) 2019.04.30 10:02:20

待办工作单

采集点方案

序号	申请编号	采集点编号	采集点名称	采集点地址	采集点类别	采集点状态	变更方式
1					用电客户采集点	初定方案	设立

勘查单录入 终端安装方案 采集计量关系方案 采集用户关系方案 采集对象方案 审批/审核记录

终端方案

勘查单录入

采集点编号: *采集点名称: *采集点类别:

经度: 纬度: 采集点状态:

采集点地址:

(与终端)采集方式: GPRS (终端与表)通信方式: GPRS+CDMA

通信下行场强: V/m 通信上行场强: V/m 外接扬声器标志: 是

外接扬声器距离: 米 与表距离: 米 工作电源:

电源线长度: 米 馈线长度: 米 天线高度: 米

安装位置图: 浏览...

保存

打印 发送 返回

图 2-14

进入装拆派工环节,选择接收人员,点击【发送】,如图 2-15 所示。

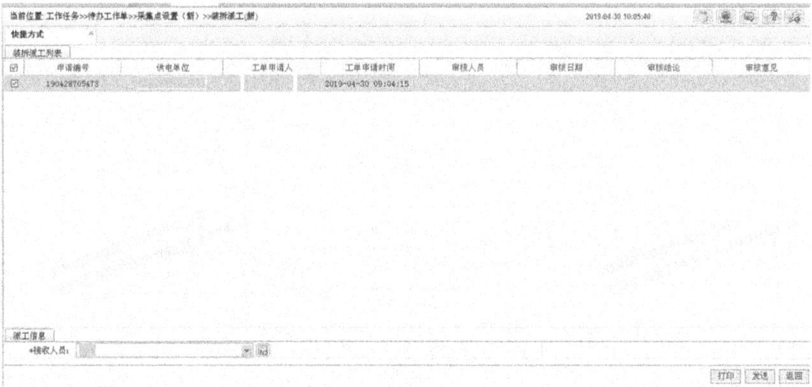

当前位置:工作任务>>待办工作单>>采集点设置(新)>>装拆派工(新) 2019.04.30 10:05:40

快捷方式

装拆派工列表

☑	申请编号	供电单位	工单申请人	工单申请时间	审核人员	审核日期	审核结论	审核意见
☑	190428705473			2019-04-30 09:04:15				

派工信息

*接收人员:

打印 发送 返回

图 2-15

进入配表环节,选择采集点方案,如图 2-16 所示。

选择安装终端的条形码,点击【领用】,选择领用人后,点击【发送】,如图 2-17 所示。

进入装拆录入环节,保存安装信息,点击【发送】,如图 2-18 所示。

进入终端调试环节,点击【终端参数设置】,如图 2-19 所示。

在弹出的对话框内,选择终端规约类型(常见为 376 规约,面向对象通信协议)、算法编号(其他)、算法秘钥(0),点击【保存】,如图 2-20 所示。

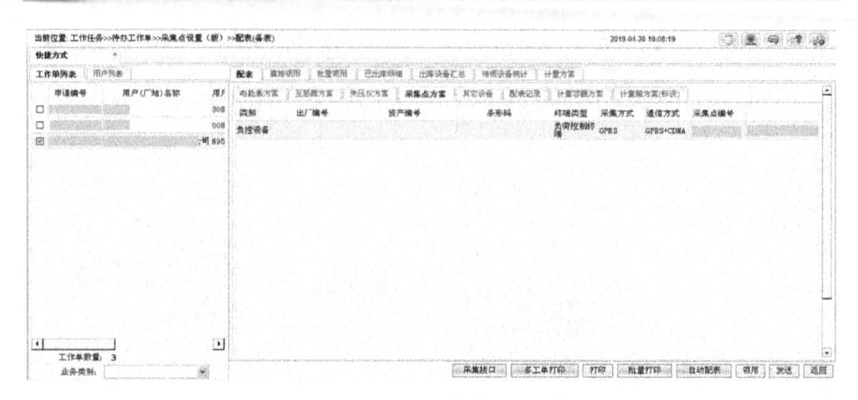

图 2-16

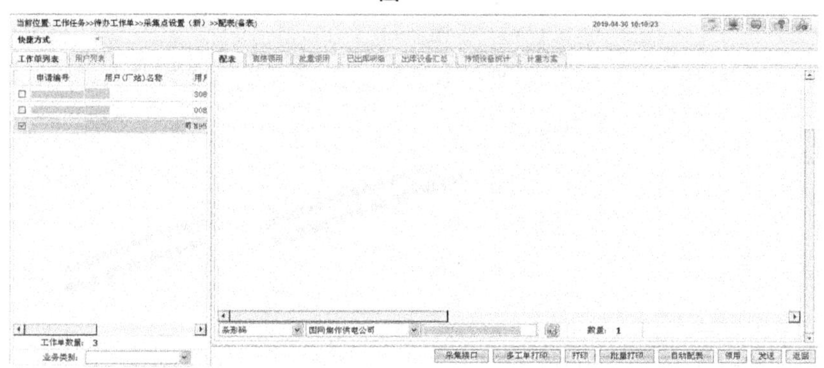

当前位置: 工作任务>>待办工作单>>采集点设置（新）>>装拆录入(新)　　2019-04-30 10:19:01

快捷方式

采集点方案

序号	申请编号	采集点编号	采集点名称	采集点地址	采集点类别	采集点状态	变更方式
1	190428705473				用电客户采集点	已勘察	设立

终端装拆信息录入　终端安装方案　采集计量关系方案　采集用户关系方案　采集对象方案　审批/审核记录

终端方案

终端装拆信息录入　SIM卡信息

采集点编号:　　派工日期: 2019-04-30 10:18:52　　与表距离:　　米

电源取向:　　米　　电源线长:　　米　　天线高度:　　米

馈线长度:　　米　　环境相片1:　　浏览...　　环境相片2:　　浏览...

环境相片3:　　浏览...　　环境相片4:　　浏览...

装/拆人员:　　装/拆日期: 2019-04-30　　是否可调试: ◉是 ○否

保存　取消安装

拆除原因录入

拆除原因:　　设备故障类型:　　--换码(取消)--

保存

打印　发送　返回

图 2-18

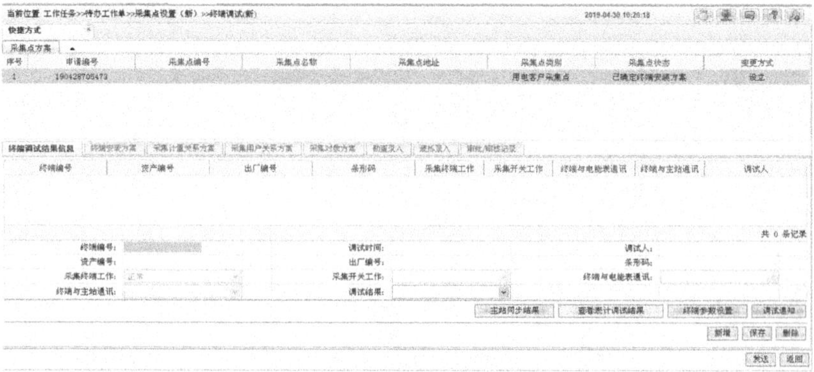

图 2-19

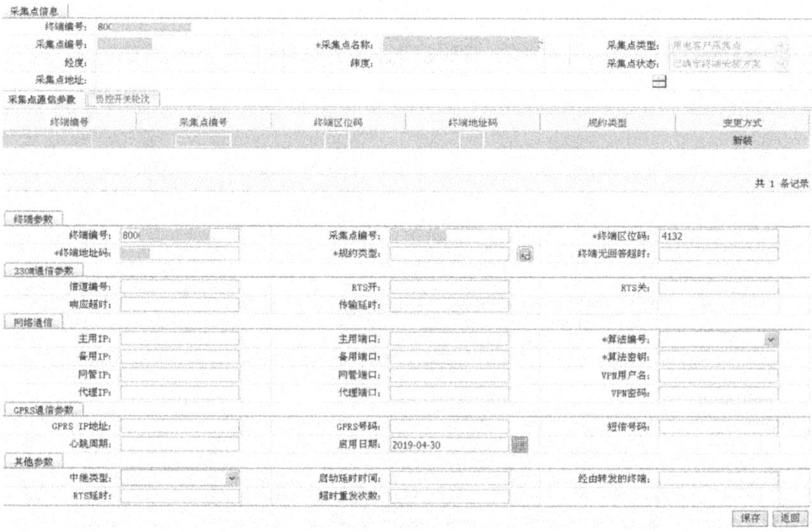

图 2-20

返回终端调试页面，点击右下方【调试通知】，进行终端调试，结果如图 2-21 所示。

等待出现【执行完毕】字样后，该工单已推送至电采系统，进入电采系统，点击右上角【待办】，选择需处理工单并双击，如图 2-22 所示。

在采集点信息界面，点击【SIM 卡选择】，录入 SIM 卡信息，如图 2-23 所示。

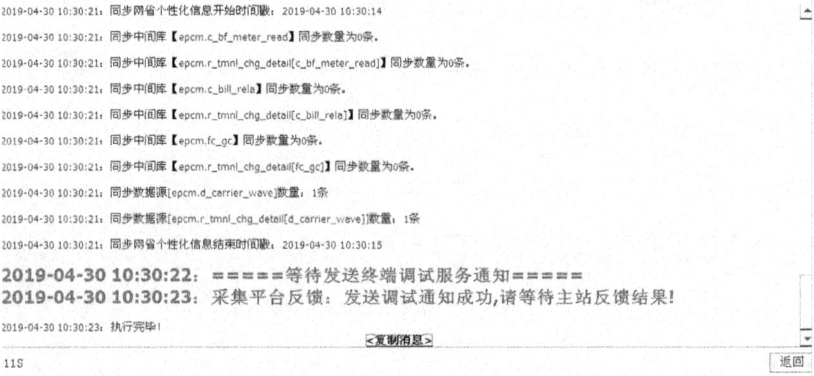

2019-04-30 10:30:21：同步网省个性化信息开始时间戳：2019-04-30 10:30:14

2019-04-30 10:30:21：同步中间库【epcm.c_bf_meter_read】同步数量为0条。

2019-04-30 10:30:21：同步中间库【epcm.r_tmnl_chg_detail[c_bf_meter_read]】同步数量为0条。

2019-04-30 10:30:21：同步中间库【epcm.c_bill_rela】同步数量为0条。

2019-04-30 10:30:21：同步中间库【epcm.r_tmnl_chg_detail[c_bill_rela]】同步数量为0条。

2019-04-30 10:30:21：同步中间库【epcm.fc_gc】同步数量为0条。

2019-04-30 10:30:21：同步中间库【epcm.r_tmnl_chg_detail[fc_gc]】同步数量为0条。

2019-04-30 10:30:21：同步数据源[epcm.d_carrier_wave]数量：1条

2019-04-30 10:30:21：同步数据源[epcm.r_tmnl_chg_detail[d_carrier_wave]]数量：1条

2019-04-30 10:30:21：同步网省个性化信息结束时间戳：2019-04-30 10:30:15

2019-04-30 10:30:22：=====等待发送终端调试服务通知=====

2019-04-30 10:30:23：采集平台反馈：发送调试通知成功,请等待主站反馈结果!

2019-04-30 10:30:23：执行完毕!

<复制消息>

11S　　返回

图 2-21

河南省电力公司　电力用户用电信息采集系统　欢迎您，　2019年04月30日　星期二　待办(43)　消息

常用功能　采集业务　业务应用　统计查询

首页　我的任务

处理 | 解锁 | 锁定

业务编号　流程名称　活动名称

营销业务编号　工单到达时间　锁定状态　全部

重置　查询

首页　上一页　1 /1　下一页　尾页　每页 10 条，共 1 条

序号	业务编号	营销工单编号	流程名称	活动名称	工单到达时间	锁定状态	锁定人员	锁定时间	活动警
1	201904300003346601	190428705473	营销待办工单调试流程	待办工单处理	2019-04-30 10:30:23	未锁定			

图 2-22

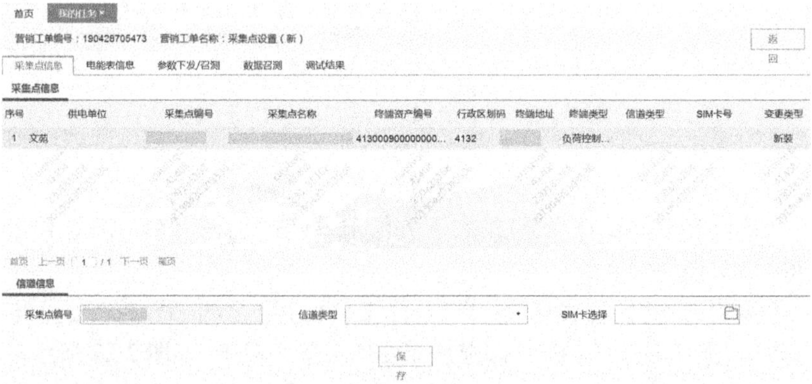

首页　我的任务

营销工单编号：190428705473　营销工单名称：采集点设置（新）　返回

采集点信息　电能表信息　参数下发/召测　数据召测　调试结果

采集点信息

序号	供电单位	采集点编号	采集点名称	终端资产编号	行政区划码	终端地址	终端类型	信道类型	SIM卡号	变更类型
1	文苑			413000900000000...	4132		负荷控制...			新装

首页　上一页　1 /1　下一页　尾页

信道信息

采集点编号　信道类型　SIM卡选择

保存

图 2-23

保存SIM卡信息后进入参数下发/召测界面，点击【参数下发】，如图2-24所示。

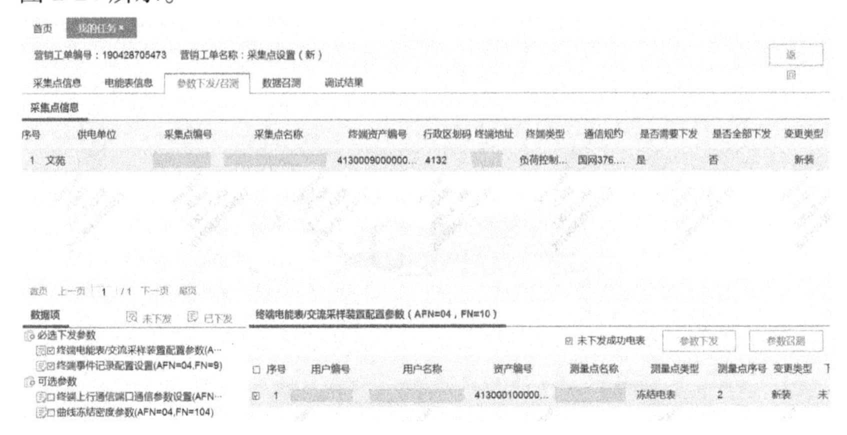

图2-24

参数下发完成后，可进入数据召测界面检查电表采通情况，如图2-25所示。

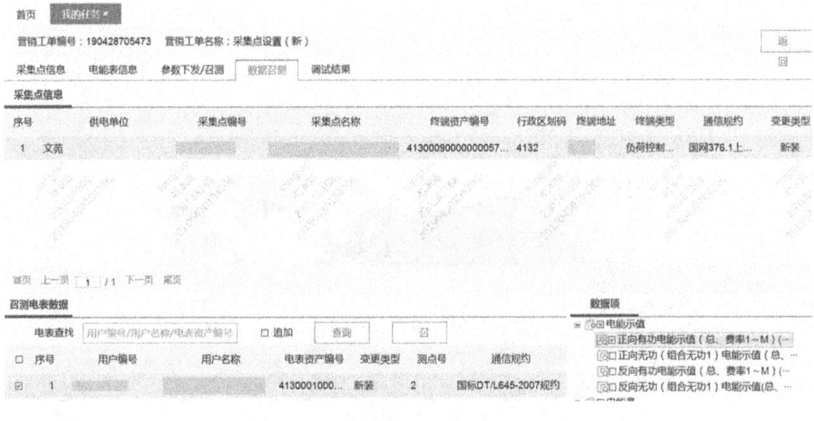

图2-25

在调试结果界面，选择各状态信息，点击【保存】、【调试结果通知营销】，如图2-26所示工单返回至营销中。

返回营销，保存调试结果，点击【发送】，如图2-27所示。

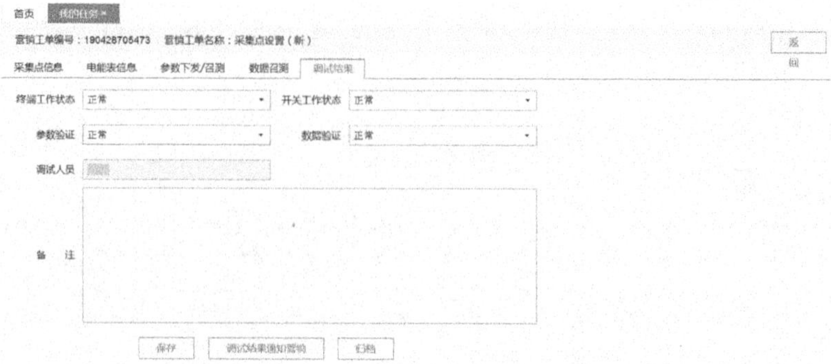

首页 我的任务

营销工单编号：190428705473 营销工单名称：采集点设置（新）

返回

采集点信息 电能表信息 参数下发/召测 数据召测 调试结果

终端工作状态 正常 开关工作状态 正常

参数验证 正常 数据验证 正常

调试人员

备 注

保存 调试结果通知营销 归档

图 2-26

当前位置：营销管理>>系统维护>>菜单>>快捷方式 2019-04-30 10:49:50

快捷方式

采集点方案

序号	申请编号	采集点编号	采集点名称	采集点地址	采集点类别	采集点状态	变更方式
1	190428705473					已确定终端安装方案	设立

终端调试结果信息 终端安装方案 采集计量关系方案 采集用户关系方案 采集对象方案 勘查录入 装拆录入 审批/审核记录

终端编号	资产编号	出厂编号	条形码	采集终端工作	采集开关工作	终端与电能表通讯	终端与主站通讯	调试人
				正常	正常	正常	正常	宋涛

共 1 条记录

终端编号：80[illegible] 调试时间：2019-04-30 调试人：

资产编号：41[illegible] 出厂编号： 条形码：

采集终端工作：正常 采集开关工作：正常 终端与电能表通讯：正常

终端与主站通讯：正常 调试结果：成功

主站同步结果 查看累计调试结果 终端参数设置 调试通知

新增 保存 删除

发送 返回

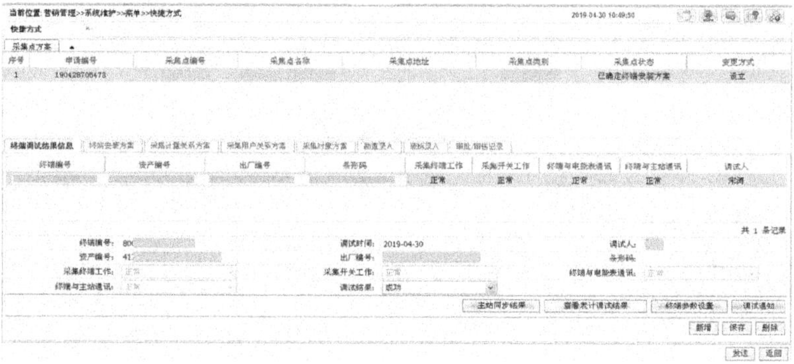

图 2-27

进入终端归档环节，点击【归档】，如图 2-28 所示营销环节结束。

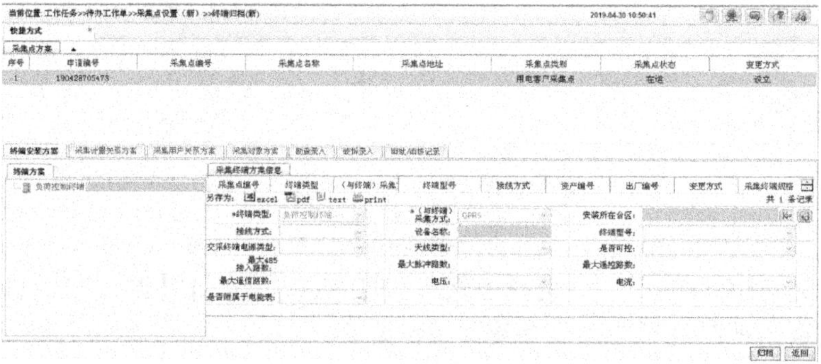

当前位置：工作任务>>待办工作单>>采集点设置（新）>>终端归档(新) 2019-04-30 10:50:41

快捷方式

采集点方案

序号	申请编号	采集点编号	采集点名称	采集点地址	采集点类别	采集点状态	变更方式
1	190428705473				用电客户采集点	在途	设立

终端安装方案 采集计量关系方案 采集用户关系方案 采集对象方案 勘查录入 装拆录入 审批/审核记录

终端方案

负荷控制终端

采集终端方案信息

采集点编号	终端类型	（与终端）采集	终端型号	接线方式	资产编号	出厂编号	变更方式	采集终端规格

另存为：excel pdf text print 共 1 条记录

*终端类型：负荷控制终端 *（与终端）采集方式：GPRS 安装所在台区：

接线方式： 设备名称： 终端型号：

交采终端电源类型： 天线类型： 是否可控：

最大485接入路数： 最大脉冲路数： 最大遥控路数：

最大遥信路数： 电压： 电流：

是否附属于电能表：

归档 返回

图 2-28

返回电采系统，点击【归档】，如图 2-29 所示全部流程至此完成。

图 2-29

2.1.3　终端更换

采集终端现场更换应按照作业规范进行，终端更换系统操作路径：营销系统【电能信息采集】→【采集点设置】→【功能】→【终端方案制定】，如图 2-30 所示。

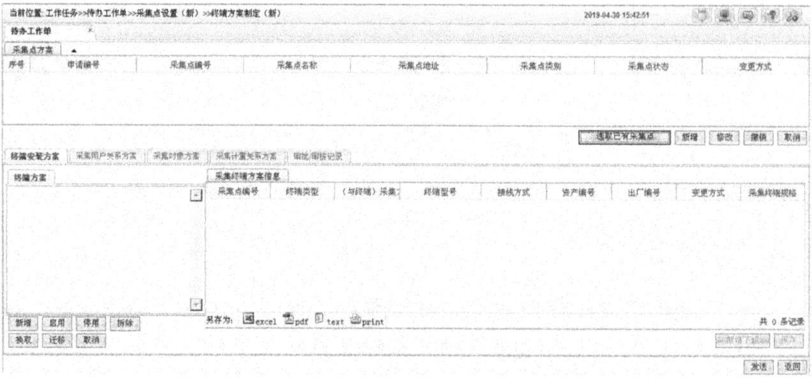

图 2-30

点击【选取已有采集点】,在弹出的对话框内选择负控用户采集点查询(专变终端)或集抄用户采集点查询(公变集中器)界面,输入需要更换终端的【终端地址】,点击【查询】,选中采集点信息,点击【确定】,如图 2-31 所示。

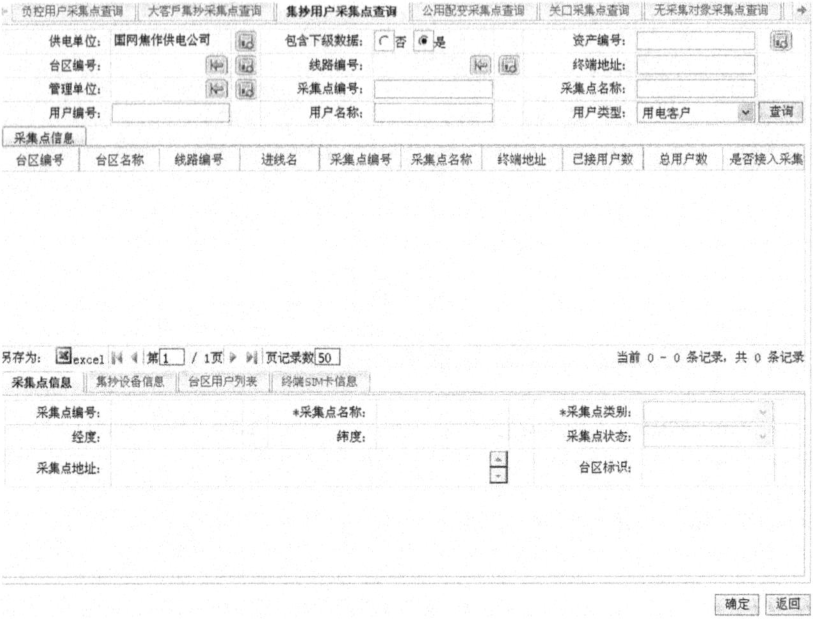

负控用户采集点查询 | 大客户集抄采集点查询 | 集抄用户采集点查询 | 公用配变采集点查询 | 关口采集点查询 | 无采集对象采集点查询

供电单位:	国网焦作供电公司	包含下级数据:	否 是	资产编号:	
台区编号:		线路编号:		终端地址:	
管理单位:		采集点编号:		采集点名称:	
用户编号:		用户名称:		用户类型:	用电客户 查询

采集点信息

台区编号	台区名称	线路编号	进线名	采集点编号	采集点名称	终端地址	已接用户数	总用户数	是否接入采集

另存为: excel 第1 / 1页 页记录数50 当前 0 - 0 条记录, 共 0 条记录

采集点信息 | 集抄设备信息 | 台区用户列表 | 终端SIM卡信息

采集点编号:		*采集点名称:		*采集点类别:	
经度:		纬度:		采集点状态:	
采集点地址:				台区标识:	

确定 返回

图 2-31

点击左下方【换取】后参照采集点新增流程,完成系统终端更换工作。

2.1.4 终端拆除

终端拆除系统操作路径:营销系统【电能信息采集】→【采集点设置】→【功能】→【终端方案制定】,如图 2-32 所示。

点击【选取已有采集点】,然后选中采集点信息,点击【撤销】后参照采集点新增流程,完成系统终端拆除工作。

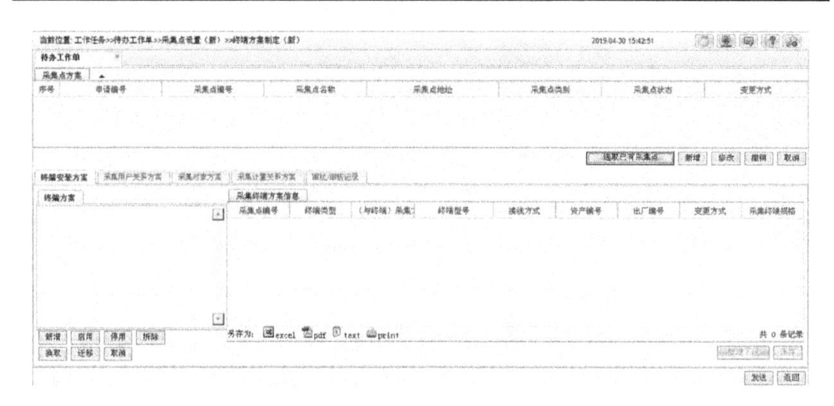

图 2-32

2.1.5　终端校时

终端时钟关系到采集数据的准确与否,同时也影响所采数据能否正常上报至主站系统,日常运维须注意并保障终端时钟的准确。

操作路径:选择【采集业务】→【时钟管理】→【终端对时】,根据相关条件(供电单位、终端类型)进行搜索,查询终端时钟统计数据栏,如图 2-33 所示。

首页

终端时钟统计　终端时钟明细

供电单位　国网河南省电力公司　国网焦作供电公司　焦作市客户服务中心　全部

终端类型　全部　终端状态　全部　查询

首页　上一页　1　/3　下一页　尾页　每页 10 条,共 27 条

序号	供电单位	终端数	5分钟以上	1分钟-5分钟	正常	无数据	连续对时终端数量
1	焦作市客户服务中心	6346	3	35	6010	298	0
2	焦作市客户服务中心	2	0	0	2	0	0
3	中心解放	185	0	0	185	0	0
4	中心民主	258	0	0	249	9	0
5	太行东所	251	0	0	246	5	0
6	太行西所	203	0	0	202	1	0

图 2-33

点击列表栏内的深色数字(时间栏—5 分钟以上),查看终端时钟明细,如图 2-34 所示。

选中列表栏内终端工单,即可对该工单进行召测时钟和下发时钟操作。

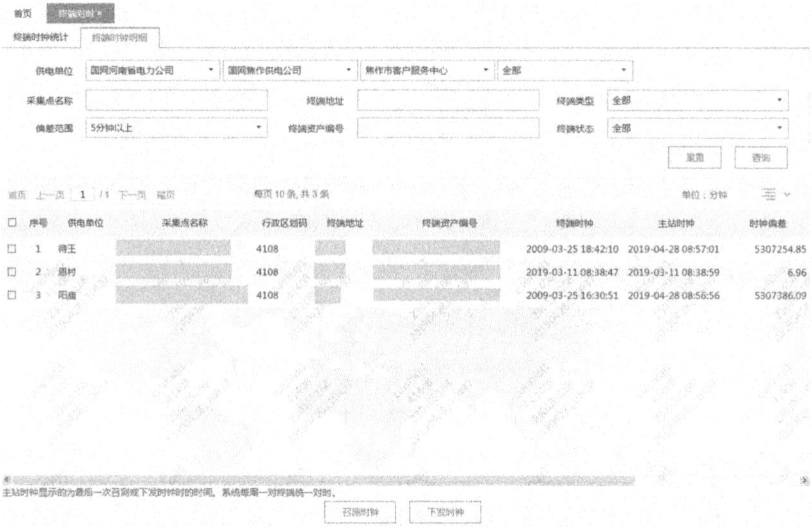

图 2-34

2.1.6　采集点档案同步

采集点档案同步用于处理由于营销档案调整,出现用户名称、计量点状态、综合倍率等信息在营销与电采系统中不一致的情况,实现电采系统与营销系统之间客户档案、设备档案、参数档案的同步。

操作路径:电采系统【采集业务】→【档案管理】→【档案同步】,根据供电单位、同步对象输入需要同步的编号进行档案同步,【同步对象】选择“采集点”,即以采集点为对象进行档案同步;选择“用户”,即对单个用户进行档案同步。如下以采集点为对象进行档案同步,如图 2-35 所示。

采集点编号可从右侧扩栏通过查询台区名称、用户编号等信息得到,如图 2-36 所示。

输入采集点编号,点击【同步】,如图 2-37 所示。

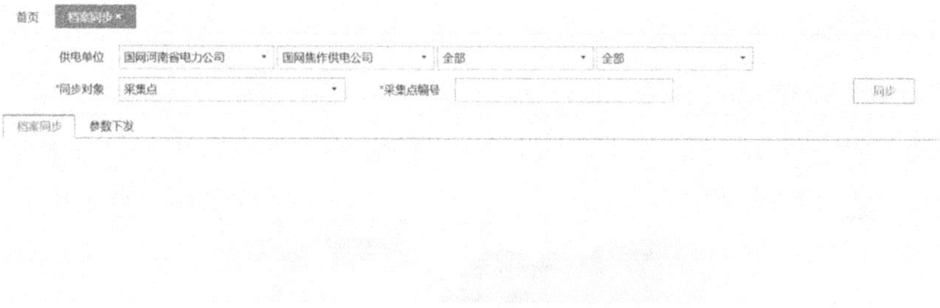

首页　档案同步 ×

供电单位　国网河南省电力公司　国网焦作供电公司　全部　全部

*同步对象　采集点　*采集点编号　同步

档案同步　参数下发

图 2-35

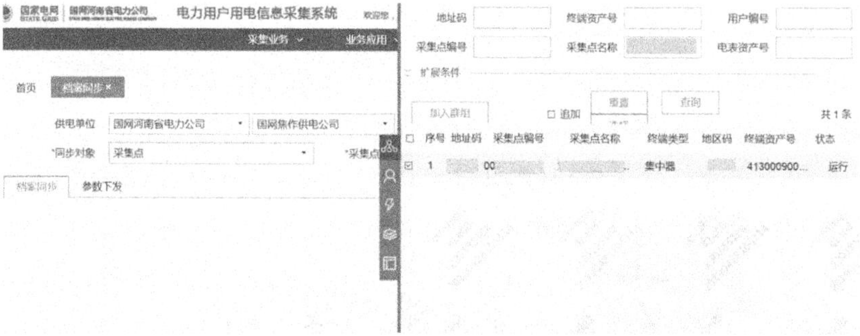

国家电网 STATE GRID　国网河南省电力公司　电力用户用电信息采集系统　欢迎您，

采集业务　业务应用

首页　档案同步 ×

供电单位　国网河南省电力公司　国网焦作供电公司

*同步对象　采集点　*采集点

档案同步　参数下发

地址码　终端资产号　用户编号

采集点编号　采集点名称　电表资产号

扩展条件

加入群组　追加　重置　查询　共 1 条

序号	地址码	采集点编号	采集点名称	终端类型	地区码	终端资产号	状态
1		00		集中器		413000900...	运行

图 2-36

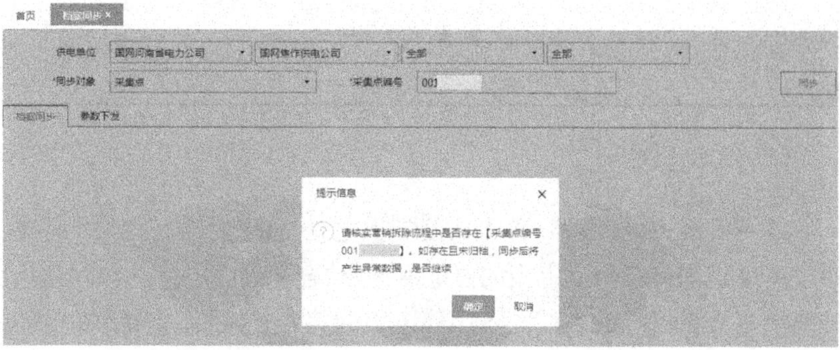

首页　档案同步 ×

供电单位　国网河南省电力公司　国网焦作供电公司　全部　全部

*同步对象　采集点　*采集点编号　001　同步

档案同步　参数下发

提示信息

请核实营销拆除流程中是否存在【采集点编号 001】，如存在且未归档，同步后将产生异常数据，是否继续

确定　取消

图 2-37

点击【确定】，同步完成后自动跳到参数下发页面，勾选全部电能表，点击【参数下发】，如图 2-38 所示。

图 2-38

电表参数均下发成功，流程结束，营销系统及用电信息采集系统中用户相关档案得以同步，保持一致性。

2.2 采集终端离线处理

采集终端离线是指终端无法正常登录采集系统主站的现象。该类型问题包括，从采集系统召测显示终端不在线，终端与主站系统之间连接失败，无法通信，具体问题可分类如下。

2.2.1 终端掉电

终端安装台区（线路）停电或终端取电处电源掉电导致终端离线。通过主站查询终端主动上报的停电事件，结合计划停电信息，判断离线的终端是否在停电的区域。若因停电引起终端离线，则需待供电恢复后跟踪终端在线情况。

2.2.2 采集设备故障

2.2.2.1 终端故障

检查终端是否出现黑屏、烧毁、死机等现象，如出现则优先进行终端重启操作，如不能恢复正常则需联系厂家人员升级处理，或进行终端更换。

2.2.2.2　远程模块故障

远程模块作为终端上行通信模块，如果本身已经无法正常工作，需及时更换新的 GPRS 模块，检查通信模块指示灯是否正常、模块针脚是否弯曲，检查远程模块是否接触不良或损坏，检查模块接口输出的电压值是否在 3.8~4.2 V。

2.2.2.3　SIM 卡故障

现场查看终端设备屏幕下方显示登陆失败、注册失败等提示，需要检查 SIM 卡是否欠费停机、损坏，以及 APN 参数是否正确。

2.2.3　参数设置

进入终端主界面，点击进入终端参数设置项，查看并确认相关参数项。执行以下操作：参数设置与查看→参数设置→通信通道详细设置→主站 IP 地址设置→主用 IP 10.230.24.28/10.230.24.26（常用设置）；端口号 2028；APN：DLCJ.HA/dlcj.ha。这些信息正确，证明参数没有问题，正常情况下该参数是出厂默认的，无须手动修改。

2.2.4　天线安装与放置

集中器应使用长天线，拉出铁箱外。现场存在部分使用短天线的集中器，打开铁箱门时集中器上线，关闭铁箱门时集中器掉线，需避免此类情况发生。

终端天线一般选用外置天线（见图 2-39），外置天线底部带有吸盘，须将天线吸附在铁质物体上。

2.2.5　信号问题

现场查看终端设备，观察终端显示屏左上方的信号强度指示，会发现信号强度显示格为无信号，屏幕上方伴随有“G”符号闪烁。

图 2-39

网络环境不好导致的集中器上线失败,主要表现为,该处无网络信号或者网络信号较弱。针对由于网络信号问题导致的终端离线,一般要通过与办理 SIM 卡的工作人员沟通解决或安装中压载波设备、北斗终端设备进行解决。

附:终端离线排查基本流程(见图 2-40)。

(1)排查集中器供电是否正常。

(2)使用手机判断现场网络信号问题,并使用手机上网测试。

(3)检查 GPRS 模块供电是否正常,检查 GPRS 模块插针与集中器插座之间接触是否正常,检查 GPRS 模块是否损坏(注意,各厂家 GPRS 模块可能不通用)。

(4)检查 SIM 卡是否插好、SIM 卡是否为专网卡、SIM 卡是否欠费、SIM 卡是否损坏。

(5)现场部分天线老化,不能起到相应作用,需要更换天线。

(6)检查集中器主站 IP、端口号、APN 参数是否正常。

(7)及时与主站维护人员联系,是否是主站原因导致集中器不能上线。

附:采集终端屏显标识(见表 2-1)。

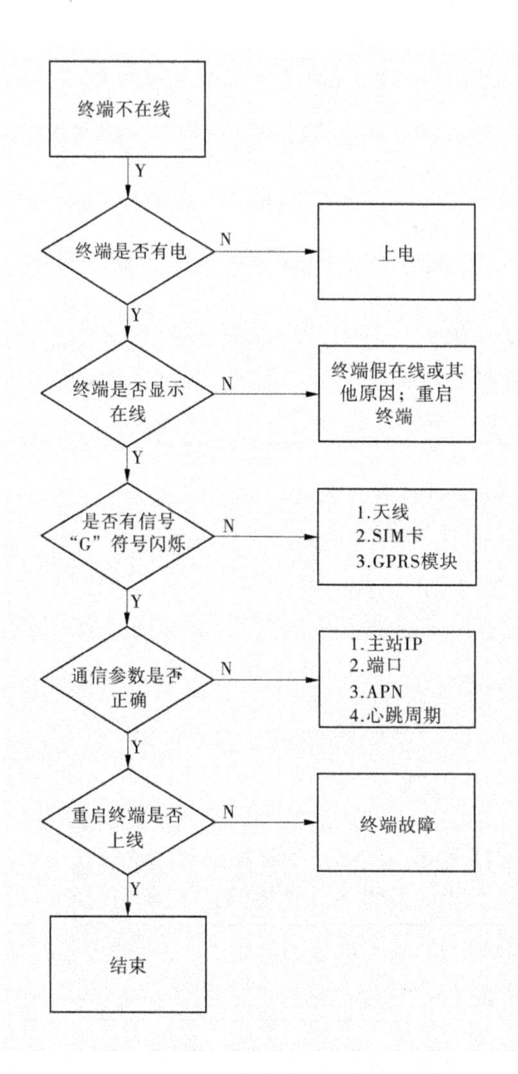
终端不在线
Y
终端是否有电
N
上电
Y
终端是否显示在线
N
终端假在线或其他原因；重启终端
Y
是否有信号“G”符号闪烁
N
1.天线
2.SIM卡
3.GPRS模块
Y
通信参数是否正确
N
1.主站IP
2.端口
3.APN
4.心跳周期
Y
重启终端是否上线
N
终端故障
Y
结束

图2-40

表 2-1

图标	说明
(信号强度图标)	信号强度指示,最高是 4 格,最低是 1 格。 当信号强度只有 1~2 格时,表示信号弱;当信号强度为 3~4 格时,表示信号强,通信比较稳定
G	通信方式指示: G 表示采用 GPRS 通信方式,S 表示采用 SMS(短消息)通信方式,C 表示采用 CDMA 通信方式。 当“G”闪烁时,为集中器 GPRS 模块正在登录,液晶屏下也有“GPRS 连接 TCP”的提示;当“G”不闪烁,显示稳定,表示集中器已经上线,液晶屏下也有“GPRS 连接 TCP 成功”的提示
A	正在检测 AT 指令
M	正在检测 SIM 卡是否正常
R	正在注册网络
G	正在 GPRS 注册
!	异常告警指示,表示集中器或测量点有异常情况。当集中器发生异常时,该标识将和异常事件报警编码轮流显示闪烁在 G 图标的右侧
04	与异常告警指示轮显,是当前最近一个事件的编号,读取事件后不再显示
01	集中器中的测量点号
13:01	时间显示

2.3 台区总表采集异常处理

2.3.1 RS-485 接线问题

RS-485 接口有 A、B 之分,连接时应将终端的 RS-485 Ⅰ 接口的 A 口与电能表的 RS-485 Ⅰ 接口的 A1 口连接,B 口与电能表的 RS-485 Ⅰ 接口的 B1 口连接。

终端与电能表之间的 RS-485 通信线的连接,首先应分清楚 RS-485 的 A、B 口,最好用不同颜色(一般红线为 A,黑线为 B)的单芯线加以区分接线,其次在接线过程中每一个接线点都要保证接线牢固,避免短接、反接、虚接等情况出现。当终端与现场表计接线完毕后,可借鉴以下几种方法确定 RS-485 线接线正确与否:

(1)接线颜色区分。该方法最简单易行。

(2)对线法。该方法适用于 RS-485 线较长且存在预先埋设的情况。对线法的具体操作是:将 RS-485 线一端的某一根电线接地,然后在电缆的另一端测量每根电线对地的电阻,如果某根电线的对地电阻很小或者为零,则可判定是接地的那一根电线。

(3)测量电压法。用万用表测量回路 RS-485 的 A 端与 B 端之间的电压,正常范围应在 2.0~5.0 V,如果测得的电压为 0 或接近于 0,甚至为负值,说明在该回路中有的表计 RS-485 的 A、B 端接线有接反或短路的可能,需要进行检查处理。

弱电端口(13 规范)如图 2-41 所示。

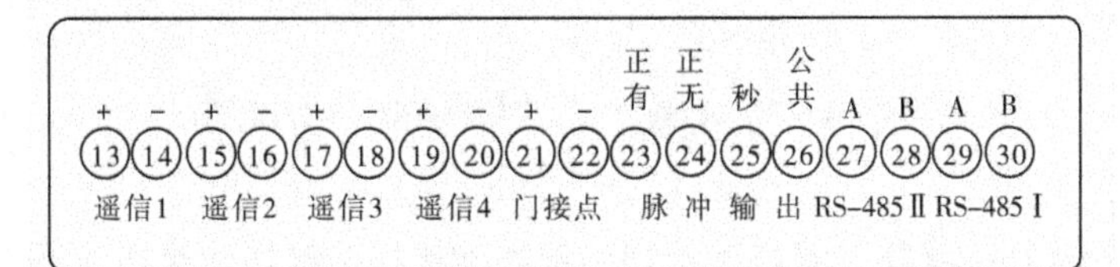

图 2-41

2.3.2　参数设置与下发

总表参数是否正确下发关系到终端能否正常完成表计数据项的抄读，总表参数一般包括通信速率、通信端口、通信规约、通信地址等参数。

通信速率：电能表资产号 413 开头电能表默认 2 400；非 413 开头电能表需依据电能表标识为准。

通信端口：河南公司专变终端及低压集中器默认为 1，厂站终端所采电能表多出现端口号为 2、3、4 等情况，需以现场选择的 RS-485 端口为准。

通信规约：资产号 413 开头电能表默认国标 DT/L 645—2007 规约；非 413 开头电能表需以电能表标识为准。

通信地址：资产号 413 开头电能表通信地址为资产号去掉最后 1 位校验位，往前数 12 位；非 413 开头电能表需以表内地址码或厂家提供的地址码为准。

对于系统参数与现场电能表不符情况，需在电采系统【采集业务】→【终端运行管理】→【终端参数设置】界面进行修正，如图 2-42 所示。

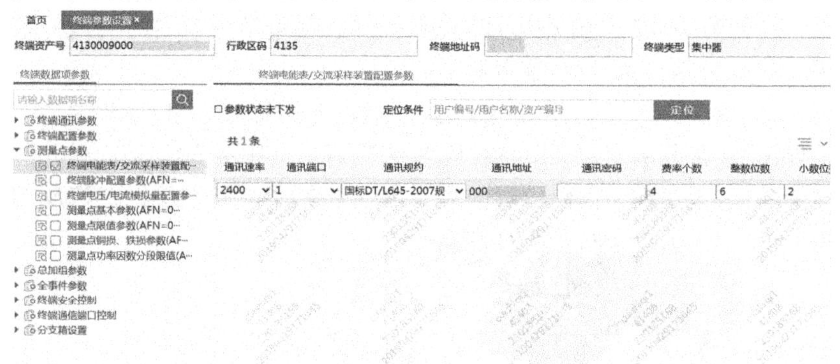

（注：图中“通讯”应为“通信”，因是软件自带不做处理，余同）

图 2-42

在保证参数准确的情况下，还需检查电表参数是否准确下载到采集终端内，检查路径：点击右侧采集点图标，选择相应采集点条件，如图 2-43 所示。

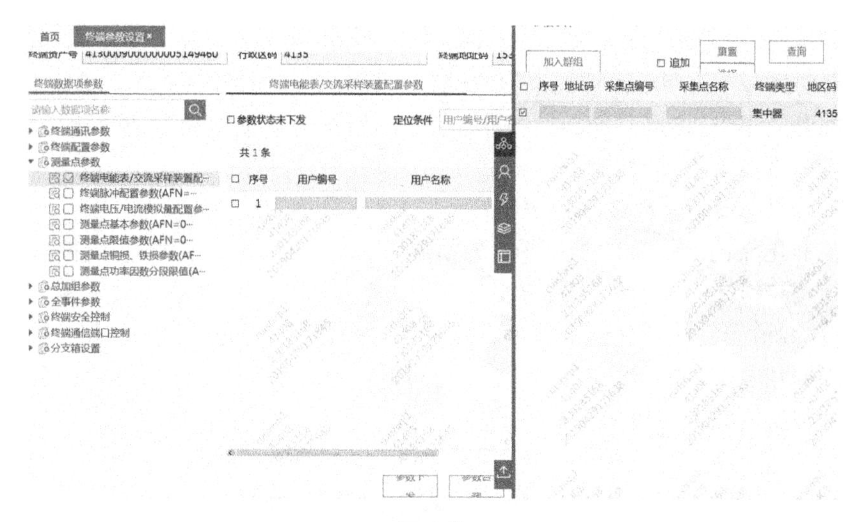

图 2-43

选择采集点之后，返回参数设置页面，选择“终端电能表/交流采样装置配置参数”，勾选台区总表，点击【参数召测】，对召测回来的电表参数与系统参数进行比对，如召测否认或召测到的参数与系统不一致，需点击【参数下发】，重新完成下发工作，如下发正常，则显示终端确认，如图 2-44 所示。

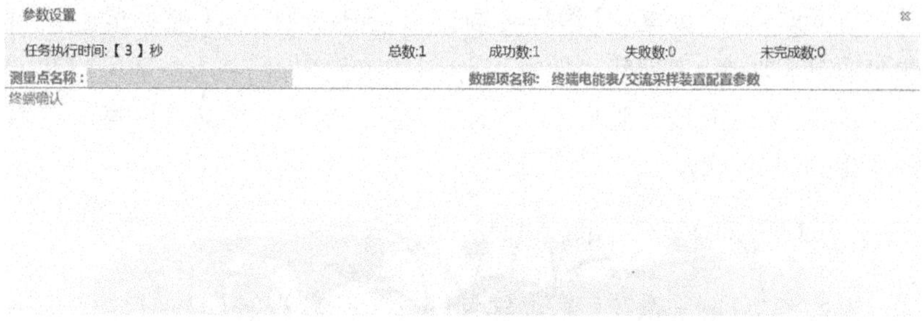

参数设置
任务执行时间:【 3 】秒　总数:1　成功数:1　失败数:0　未完成数:0
测量点名称:　数据项名称: 终端电能表/交流采样装置配置参数
终端确认

图 2-44

2.3.3　设备问题

2.3.3.1　设备时钟偏差

终端、电能表时钟与主站时钟偏差较大将影响日冻结数据的正常采集,通过主站召测终端、电能表时钟,核对时钟是否正确。通过主站对时钟偏差在 5 min 内的电能表进行远程校时,对时钟偏差超过 5 min 的电能表可进行现场校时。若校时仍不成功,则更换电能表,终端时钟偏差可通过主站远程校时。

2.3.3.2　设备硬件或软件出错

在保证系统参数准确下发的情况下,通过测试台或现场掌机核查终端和电表是否因为通信协议不符合规范或存在硬件缺陷导致采集失败,如检查终端和表计 RS-485 端口是否损坏:断开通信线,分别测量终端和电能表的 RS-485 端口 A、B 间电压是否在正常范围,若超出范围则说明该端口可能存在故障。

2.4　低压表采集新装

低压表的采集需要在现场电表安装后及时从营销系统添加至电采系统中,日常运维需每日关注管辖单位未实现采集明细,及时完成电采新装工作,以免影响系统正常采集及线损计算使用。

2.4.1　采集覆盖率查询

查询路径:电采系统【统计查询】→【报表管理】→【报表系统】,可查询采集成功率、工程建设等情况,点击【工程建设】→【全量用户智能表覆盖率_按电能表】,选择单位、日期,即可查看本单位采集覆盖率情况,如图 2-45 所示。

2.4.2　未实现采集明细查询

查询路径:电采系统【统计查询】→【运行状况查询】→【未实现采集明细查询】,通过需要的相关条件查询未实现采集明细,如图 2-46 所示。

2.4.3　低压表系统新装

低压表系统新装流程用于处理电采新装,同样可用于营销系统挂

序号	供电单位	智能表覆盖率							
		考核用户				低压用户			
		小计	台区供电考核	其他考核	小计	三相经互感器接入	三相直接接入	单相	小计
1	焦作市客户服务中心	98.79	99.95	100.00	99.96	100.00	100.00	100.00	100.00
2	中心直供	0.00	0.00	100.00	100.00	0.00	0.00	0.00	0.00
3	中心解放	100.00	100.00	0.00	100.00	100.00	100.00	100.00	100.00
4	中心民主	97.26	100.00	100.00	100.00	100.00	100.00	100.00	100.00
5	太行东所	100.00	100.00	100.00	100.00	100.00	100.00	100.00	100.00
6	太行西所	100.00	100.00	100.00	100.00	100.00	100.00	100.00	100.00

图 2-45

图 2-46

接关系调整后电采系统采集点与计量点挂接关系调整。

登录营销系统，需有【电能信息采集】功能模块权限。依次点击【电能信息采集】→【采集点设置】→【功能】→【终端方案制定】→【选取已有采集点】，如图 2-47 所示。

在弹出的对话框内输入加表台区的终端地址，如图 2-48 所示。

选中“采集点信息”，点击右下角【确定】后出现如图 2-49 所示界面。

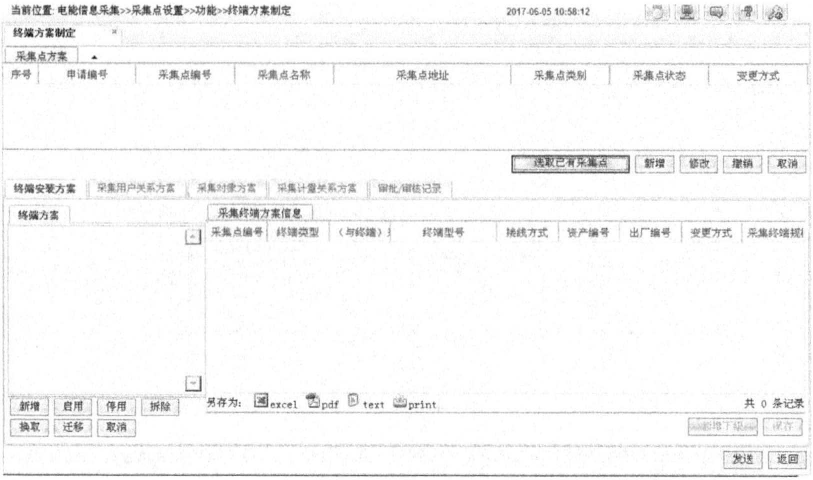

当前位置：电能信息采集>>采集点设置>>功能>>终端方案制定　2017-06-05 10:58:12

终端方案制定

采集点方案

序号	申请编号	采集点编号	采集点名称	采集点地址	采集点类别	采集点状态	变更方式

选取已有采集点　新增　修改　撤销　取消

终端安装方案　采集用户关系方案　采集对象方案　采集计量关系方案　审批/审核记录

终端方案

采集终端方案信息

采集点编号	终端类型	（与终端）	终端型号	接线方式	资产编号	出厂编号	变更方式	采集终端规

新增　启用　停用　拆除

换取　迁移　取消

另存为：excel　pdf　text　print　共 0 条记录

新增下级　保存

发送　返回

图 2-47

采集点查询 — 网页对话框

http://10.230.27.186/[illegible]

负控用户采集点查询　大客户集抄采集点查询　集抄用户采集点查询　公用配变采集点查询　关口采集点查询　无采集对象采集点查询

供电单位：国网焦作供电公司　包含下级数据：否　是　资产编号：

台区编号：　线路编号：　终端地址：15049

管理单位：　采集点编号：　采集点名称：

用户编号：　用户名称：　用户类型：用电客户　查询

采集点信息

台区编号	台区名称	线路编号	进线名	采集点编号	采集点名称	终端地址	已接用户数	总用户数	是否接入采集
							8	11	否

另存为：excel　第 1 / 1页　页记录数 50　当前 1 - 1 条记录，共 1 条记录

采集点信息　集抄设备信息　台区用户列表　终端SIM卡信息

采集点编号：　*采集点名称：培训　*采集点类别：用电客户采集点

经度：　纬度：　采集点状态：在运

采集点地址：　台区标识：N9

确定　返回

图 2-48

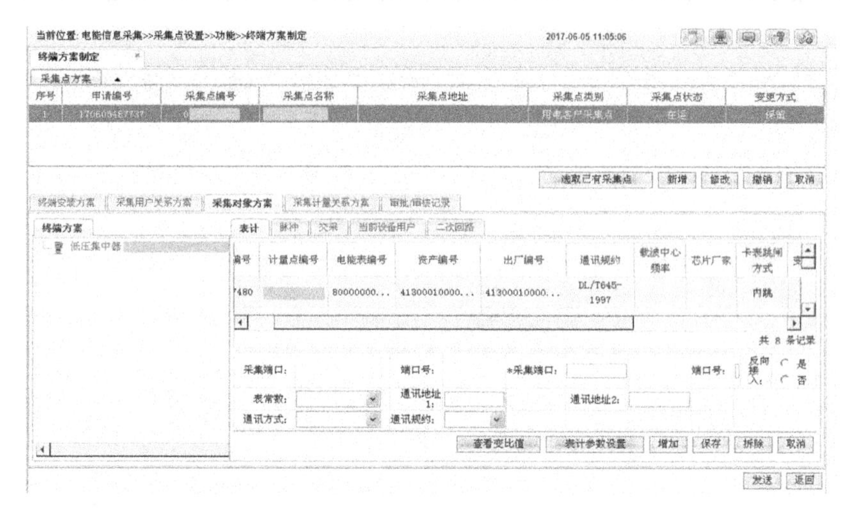

图 2-49

点击【采集对象方案】,再点击右下角【增加】,将营销中需要进行电采采集的电表进行添加。需选择供电单位到具体供电所,点击【查询】,如图 2-50 所示。

增加采集对象 -- 网页对话框
http://10.230.27.106
已装未采电表　已定方案未采电表
查询条件
供电单位: 中站直供　用户分类:
用电类别:　电压等级:
开始户号:　终止户号:
按户号查询:
用户名称:　用电地址:
抄表段:　计量箱资产编号:
线路:　资产编号:
台区名称:　出厂编号:
电能表类别:　变电站编码:
用户类型: 用电客户　计量点类型:　查询
未采电能表列表

□	变更方式	用户编号	用户名称	出厂编号	用电地址
□	未采			41300010...	

第1 / 1页 页记录数200　当前 1 - 1 条记录, 共 1 条记录

\>>　<<

查询条件
电能表编号:　通讯地址1:
资产编号:　出厂编号:
台区编号:　台区名称:
计量点编号:　查询
采集对象方案列表

□	出厂编号	采集点编号	计量点编号	计量点名称	电能表编号
□	41300010...				80000000...
□	41300010...				80000000...
□	41300010...				80000000...
□	41300010...				80000000...
□	41300010...				80000000...
□	41300010...				80000000...

第1 / 1页 页记录数200　当前 1 - 8 条记录, 共 8 条记录

图 2-50

点击【>>】,如图 2-51 所示。

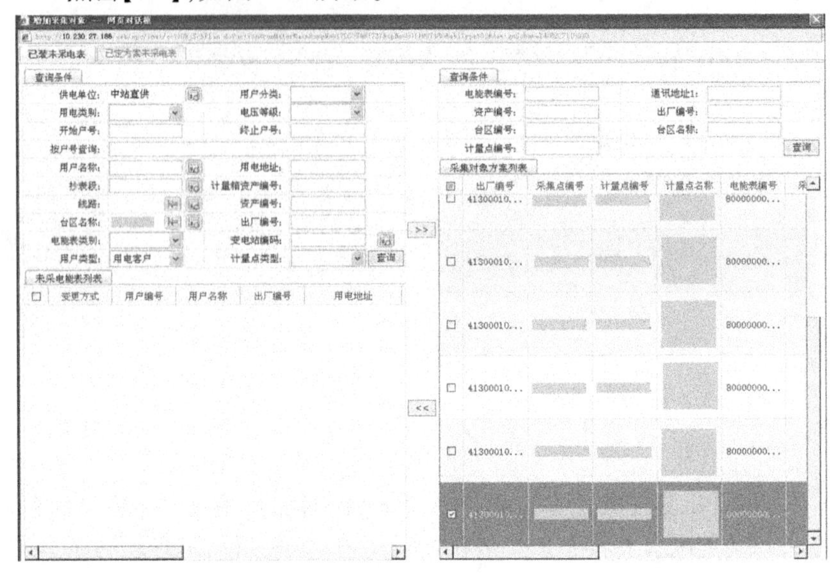

图 2-51

关闭对话框,回到如图 2-52 所示界面。

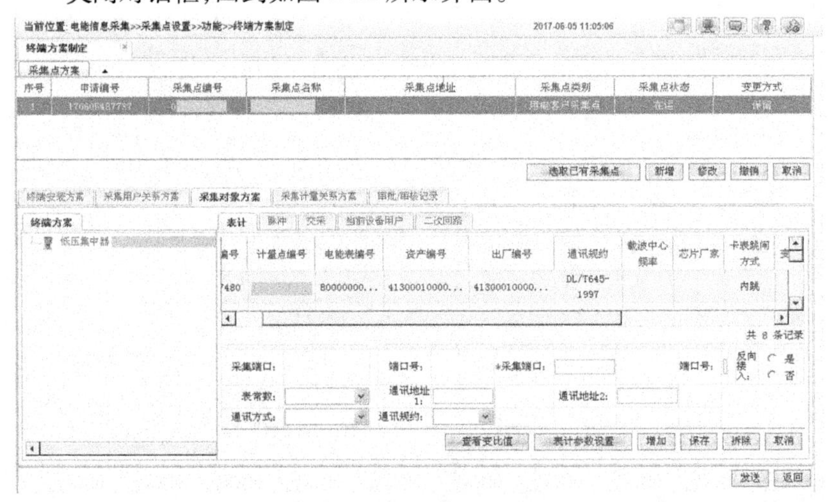

图 2-52

选择任意一条表信息，依次点击【保存】、【发送】，在待办工作单下出现如图 2-53 所示信息。

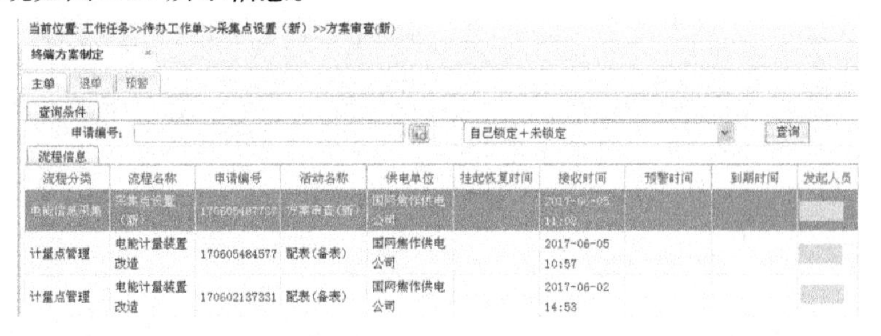

图 2-53

双击工单，在出现的对话框内点击【发送】，如图 2-54 所示。

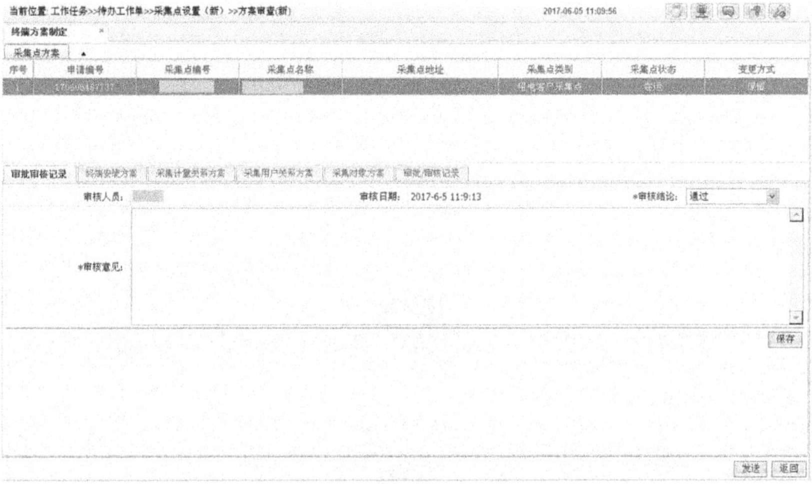

图 2-54

一直点击【发送】按钮，推送工单，直至终端调试环节，如 2-55 所示。

点击【调试通知】、【终端调试】，确定后出现如图 2-56 所示界面。

等待出现【执行完毕】字样后，该工单已推送至电采系统，进入电采系统，点击右上角【待办】，如图 2-57 所示。

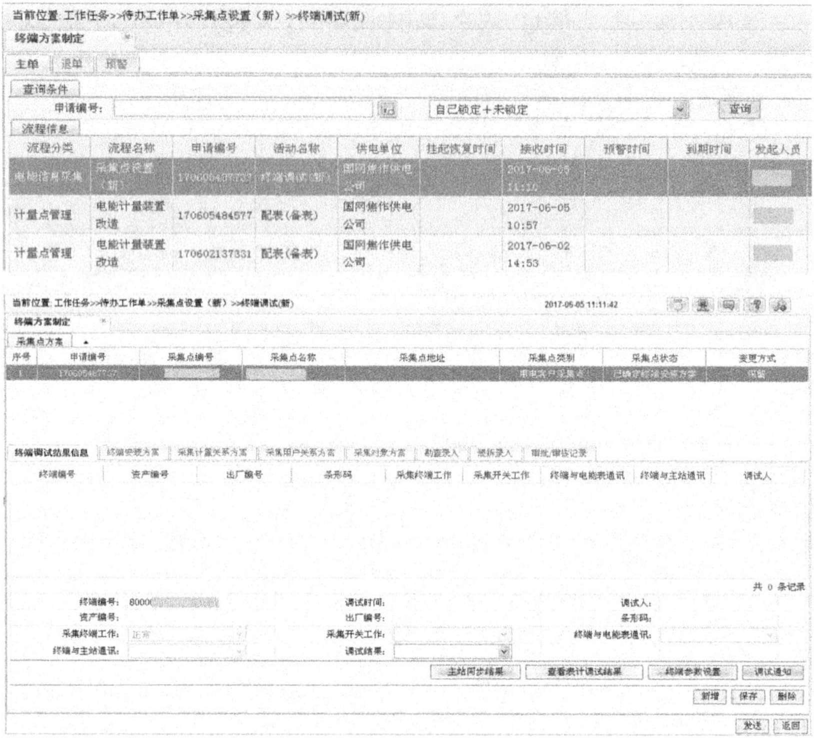

当前位置: 工作任务>>待办工作单>>采集点设置（新）>>终端调试(新)

终端方案制定

主单 | 退单 | 预警

查询条件

申请编号: 自己锁定+未锁定 查询

流程信息

流程分类	流程名称	申请编号	活动名称	供电单位	挂起恢复时间	接收时间	预警时间	到期时间	发起人员
电能信息采集	采集点设置（新）	170605487737	终端调试(新)	国网焦作供电公司		2017-06-05 11:10			
计量点管理	电能计量装置改造	170605484577	配表(备表)	国网焦作供电公司		2017-06-05 10:57			
计量点管理	电能计量装置改造	170602137331	配表(备表)	国网焦作供电公司		2017-06-02 14:53			

当前位置: 工作任务>>待办工作单>>采集点设置（新）>>终端调试(新) 2017-06-05 11:11:42

终端方案制定

采集点方案

序号	申请编号	采集点编号	采集点名称	采集点地址	采集点类别	采集点状态	变更方式

终端调试结果信息 | 终端安装方案 | 采集计量关系方案 | 采集用户关系方案 | 采集对象方案 | 勘查录入 | 装拆录入 | 审批/审核记录

终端编号	资产编号	出厂编号	条形码	采集终端工作	采集开关工作	终端与电能表通讯	终端与主站通讯	调试人

共 0 条记录

终端编号: 8000 调试时间: 调试人:
资产编号: 出厂编号: 条形码:
采集终端工作: 正常 采集开关工作: 终端与电能表通讯:
终端与主站通讯: 调试结果:

主站同步结果 | 查看表计调试结果 | 终端参数设置 | 调试通知

新增 | 保存 | 删除

发送 | 返回

图 2-55

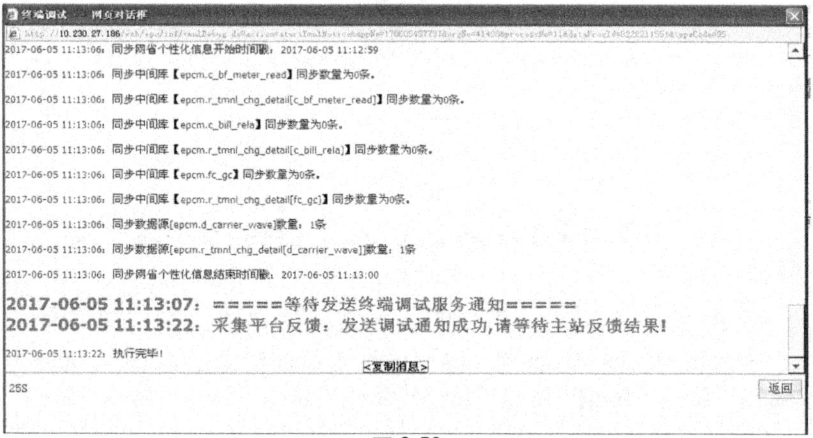

终端调试 —— 网页对话框

2017-06-05 11:13:06：同步网省个性化信息开始时间戳：2017-06-05 11:12:59

2017-06-05 11:13:06：同步中间库【epcm.c_bf_meter_read】同步数量为0条。

2017-06-05 11:13:06：同步中间库【epcm.r_tmnl_chg_detail[c_bf_meter_read]】同步数量为0条。

2017-06-05 11:13:06：同步中间库【epcm.c_bill_rela】同步数量为0条。

2017-06-05 11:13:06：同步中间库【epcm.r_tmnl_chg_detail[c_bill_rela]】同步数量为0条。

2017-06-05 11:13:06：同步中间库【epcm.fc_gc】同步数量为0条。

2017-06-05 11:13:06：同步中间库【epcm.r_tmnl_chg_detail[fc_gc]】同步数量为0条。

2017-06-05 11:13:06：同步数据源[epcm.d_carrier_wave]数量：1条

2017-06-05 11:13:06：同步数据源[epcm.r_tmnl_chg_detail[d_carrier_wave]]数量：1条

2017-06-05 11:13:06：同步网省个性化信息结束时间戳：2017-06-05 11:13:00

2017-06-05 11:13:07：=====等待发送终端调试服务通知=====
2017-06-05 11:13:22：采集平台反馈：发送调试通知成功,请等待主站反馈结果!

2017-06-05 11:13:22：执行完毕!

<复制消息>

25S 返回

图 2-56

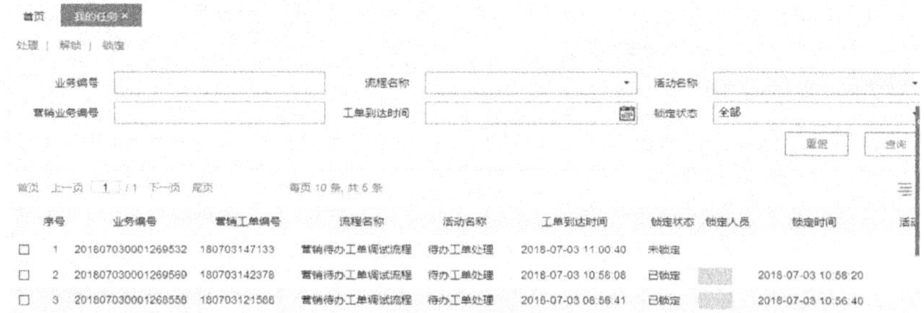

首页　我的任务 ×

处理 | 解锁 | 锁定

业务编号　流程名称　活动名称

营销业务编号　工单到达时间　锁定状态 全部

重置　查询

首页 上一页 1 /1 下一页 尾页　每页 10 条, 共 5 条

	序号	业务编号	营销工单编号	流程名称	活动名称	工单到达时间	锁定状态	锁定人员	锁定时间	活动
☐	1	201807030001269532	180703147133	营销待办工单调试流程	待办工单处理	2018-07-03 11:00:40	未锁定			
☐	2	201807030001269569	180703142378	营销待办工单调试流程	待办工单处理	2018-07-03 10:58:08	已锁定		2018-07-03 10:58:20	
☐	3	201807030001268558	180703121588	营销待办工单调试流程	待办工单处理	2018-07-03 08:58:41	已锁定		2018-07-03 10:56:40	

图 2-57

双击该条工单,选择【参数下发/召测】页面,点击【参数下发】,如图 2-58 所示。

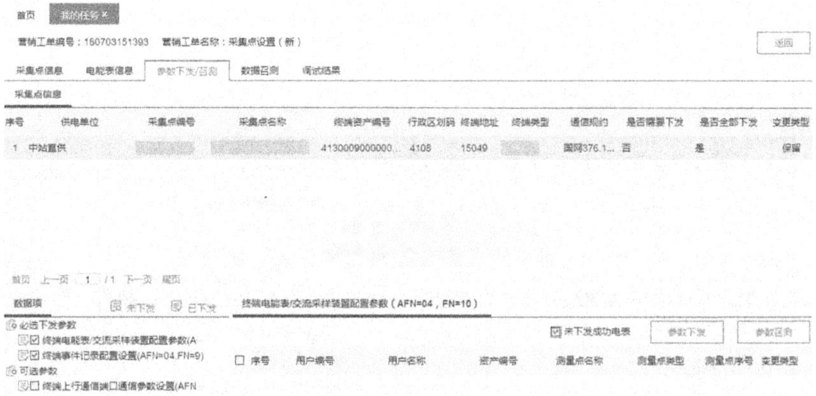

首页　我的任务 ×

营销工单编号：180703151393　营销工单名称：采集点设置（新）　返回

采集点信息　电能表信息　参数下发/召测　数据召测　调试结果

采集点信息

序号	供电单位	采集点编号	采集点名称	终端资产编号	行政区划码	终端地址	终端类型	通信规约	是否需要下发	是否全部下发	变更类型
1	中站直供			4130009000000...	4108	15049		国网376.1...	否	是	保留

首页 上一页 1 /1 下一页 尾页

数据项　未下发　已下发

必选下发参数

☑ 终端电能表/交流采样装置配置参数(A

☑ 终端事件记录配置设置(AFN=04,FN=9)

可选参数

☐ 终端上行通信端口通信参数设置(AFN

终端电能表/交流采样装置配置参数（AFN=04，FN=10）

☑ 未下发成功电表　参数下发　参数召测

☐	序号	用户编号	用户名称	资产编号	测量点名称	测量点类型	测量点序号	变更类型

图 2-58

参数下发完毕后选择【调试结果】,如图 2-59 所示。

“终端工作状态”“开关工作状态”“参数验证”“数据验证”,选择“正常”,点击【保存】、【调试结果通知营销】,工单返回至营销中,如图 2-60所示。

依次点击【保存】、【发送】后双击该条工单,如图 2-61、图 2-62 所示。

首页　我的任务 ×

营销工单编号：180703151393　营销工单名称：采集点设置（新）

采集点信息　电能表信息　参数下发/召测　数据召测　调试结果

终端工作状态　正常　　开关工作状态　正常

参数验证　正常　　数据验证　正常

调试人员

备　注

保存　调试结果通知营销　归档

图 2-59

当前位置 工作任务>>待办工作单>>采集点设置（新）>>终端调试(新)　2017-06-05 11:18:05

终端方案制定

采集点方案

序号	申请编号	采集点编号	采集点名称	采集点地址	采集点类别	采集点状态	变更方式
1					用电客户采集点	已确定终端安装方案	保留

终端调试结果信息　终端安装方案　采集计量关系方案　采集用户关系方案　采集对象方案　勘查录入　装拆录入　审批/审核记录

终端编号	资产编号	出厂编号	条形码	采集终端工作	采集开关工作	终端与电能表通讯	终端与主站通讯	调试人
[illegible]	41300090000000...	41300020000000...	41300090000000...	正常	正常	正常	正常	

共 1 条记录

终端编号：　调试时间：2017-06-05　调试人：

资产编号：　出厂编号：　条形码：

采集终端工作：正常　采集开关工作：正常　终端与电能表通讯：正常

终端与主站通讯：正常　调试结果：成功

主站同步结果　查看表计调试结果　终端参数设置　调试通知

新增　保存　删除

发送　返回

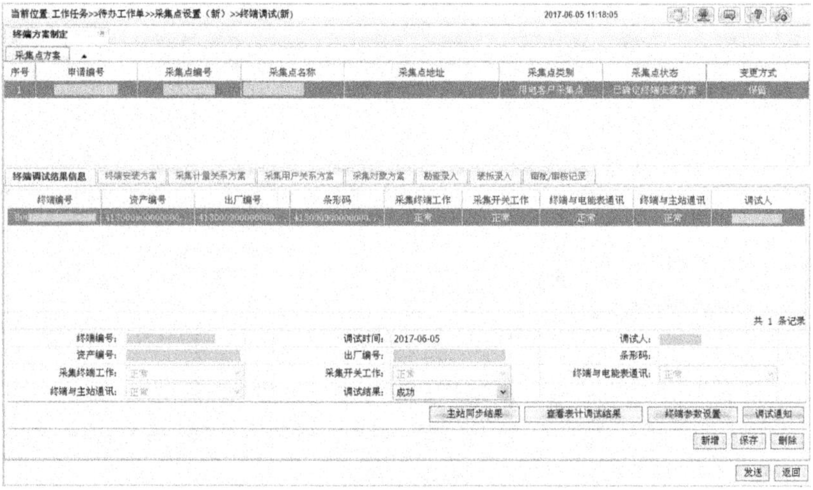

图 2-60

显示如图 2-63 所示界面。

点击【归档】,工单在营销系统中的流程已结束,再次返回电采系统。

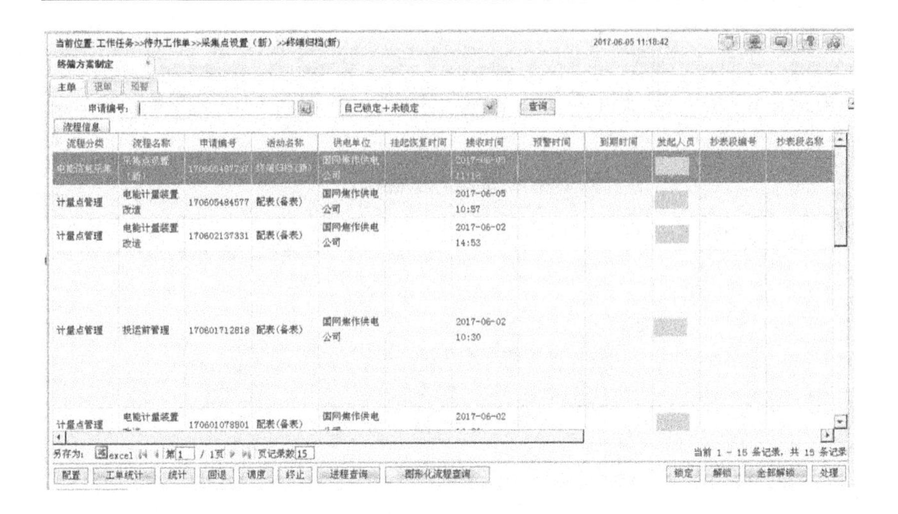

图 2-61

当前位置: 工作任务>>待办工作单>>采集点设置（新）>>终端归档(新)　　2017-06-05 11:19:10

终端方案制定

采集点方案

序号	申请编号	采集点编号	采集点名称	采集点地址	采集点类别	采集点状态	变更方式
1	[illegible]				用电客户采集点	运行	保留

终端安装方案　采集计量关系方案　采集用户关系方案　采集对象方案　勘查录入　装拆录入　审批/审核记录

终端方案

低压集中器

采集终端方案信息

采集点编号	终端类型	（与终端）采集	终端型号	接线方式	资产编号	出厂编号	变更方式	采集终端规格
	低压集中器	GPRS	DGJZ23-SEA3700	三相四线	41000090...	41300090...	拆除	集中器I型

另存为: excel　pdf　text　print　　共 1 条记录

*终端类型: 低压集中器　　*（与终端）采集方式: GPRS　　安装所在台区:

接线方式: 三相四线　　设备名称:　　终端型号: DGJZ23-SEA3700

载波芯片厂商:　　载波频率范围:　　载波中心频点:

载波类型:

是否附属于电能表:

归档　返回

图 2-62

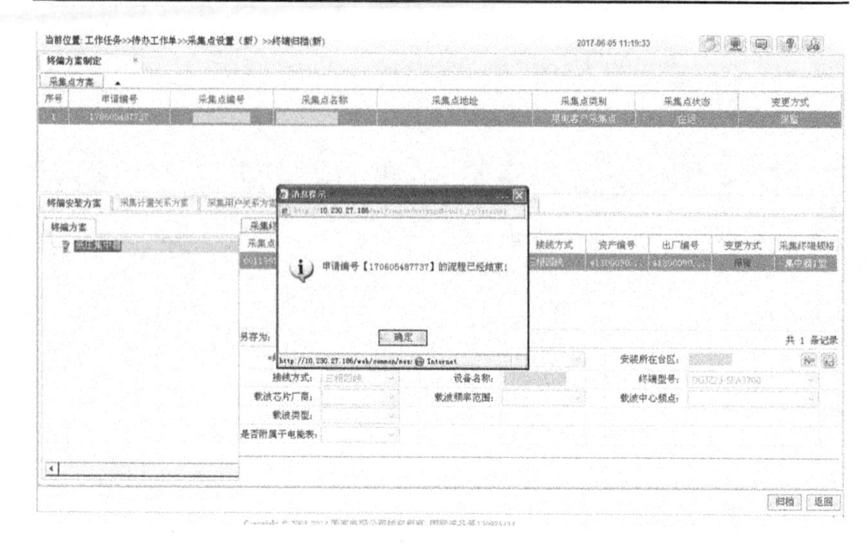

图 2-63

2.5　低压表采集情况查询

2.5.1　采集成功率查询

选择【统计查询】→【报表管理】→【报表系统】→【采集成功率(2019)】→【历史日采集成功率】→【日采集成功率统计_安装完成5个工作日以上】,选择单位、日期,即可查看本单位采集成功率情况,如图2-64所示。

2.5.2　未抄通明细查询

选择【统计查询】→【运行状况查询】→【未抄通明细(2019)】,根据供电单位、数据日期、用户分类等条件查询,即可查询所需单位未抄明细信息,如图2-65所示。

选择【统计查询】→【运行状况查询】→【连续未抄通明细(2019)】,根据供电单位、数据日期、连续未抄通天数、用户分类等条件查询,即可查询所需单位连续未抄明细信息,如图2-66所示。

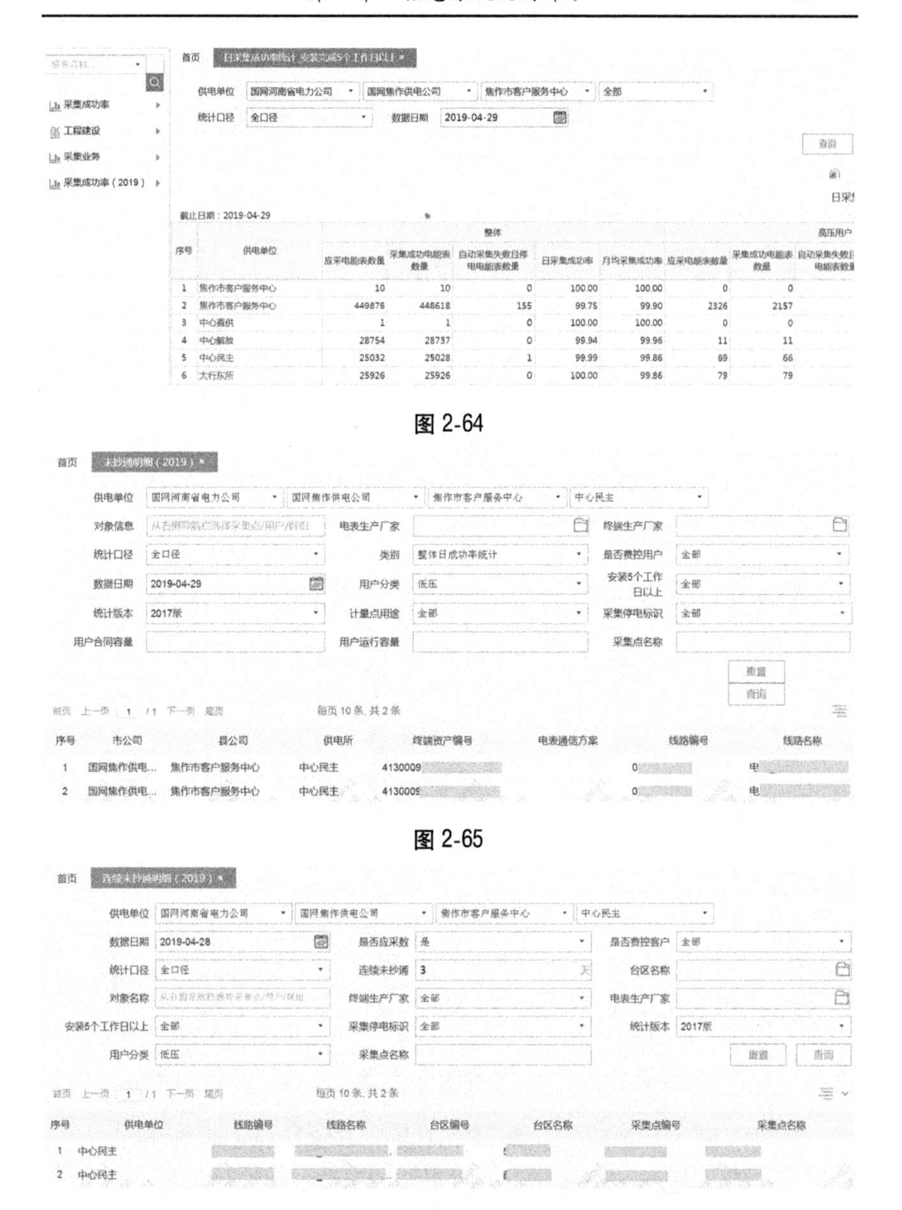

图 2-64

图 2-65

图 2-66

2.6　低压表采集故障处理

2.6.1　系统参数问题

系统抄表参数设置方面,需按照用电信息采集系统要求下发给终端,如果出现下发错误或未下发,则会导致终端出现不抄表问题。常见的抄表参数设置:“终端电能表/交流采样装置配置参数”下发时需保证电能表通信地址、通信端口、表规约和表类型正确完整,通过系统召测可确认各项参数情况,也可通过系统参数下发功能,进行参数重新下发操作。参数下发路径:电采系统【采集业务】→【终端运行管理】→【终端参数设置】界面进行修正,如图 2-67 所示。

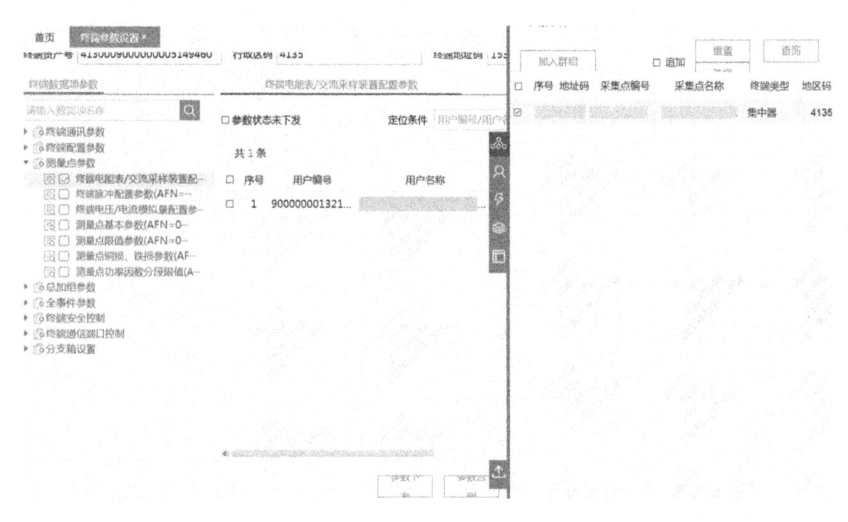

图 2-67

选中需要下发参数的电表,点击【参数下发】,完成参数下发工作,如下发正常,则显示终端确认,如图 2-68 所示。

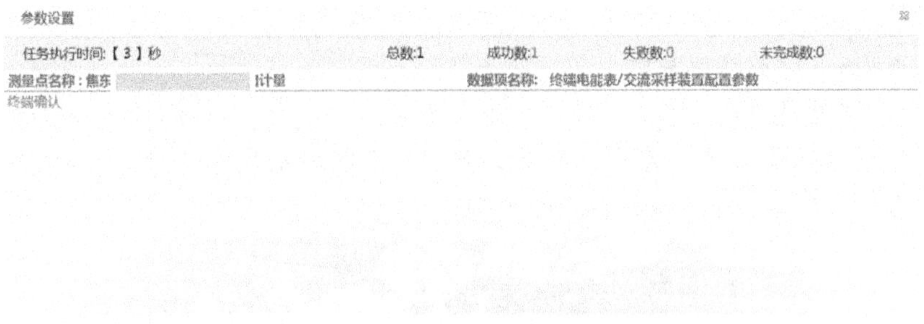

参数设置

任务执行时间:【 3 】秒　总数:1　成功数:1　失败数:0　未完成数:0

测量点名称：焦东　计量　数据项名称: 终端电能表/交流采样装置配置参数

终端确认

图 2-68

2.6.2　终端问题

2.6.2.1　终端离线

终端离线问题，从用电信息采集系统召测显示终端不在线，即现场采集终端离线，终端与主站系统之间连接失败，无法通信，电能表数据无法上传至主站系统。

2.6.2.2　终端存在失压

终端某相电压缺失，会造成终端出现抄表功能异常，导致终端出现不抄表问题。可通过检测终端各相电压，重新连接失压电路进行解决。

2.6.2.3　终端路由模块异常

终端路由模块是电力线载波通信的核心，若路由模块出现损坏、异常，会导致终端出现不抄表问题。现场查看路由模块是否烧毁，查看路由电源灯是否正常点亮，查看信号收发灯是否正常闪烁，如不正常，重新插拔尝试；如仍无效，则需要更换路由模块进行确认。

2.6.2.4　终端数据不上报

终端成功抄读到电能表数据，并成功存储，但没有成功上传到主站系统，造成抄表失败。现场检查终端内电能表电量数据，确认是否成功抄读。如果存在终端抄读成功、主站抄读失败的情况，则需要对终端进行数据初始化操作，或进行软件升级。

2.6.2.5　终端时钟错误

终端时钟错误会导致终端与主站时钟、电表时钟不一致，容易造成数据上传、数据抄读失败。通过后台重新下发时钟，修正终端时钟。如果无法更改,则终端损坏,需要更换新的终端设备。

2.6.2.6 终端程序异常

终端软件程序存在缺陷,可能会造成在线正常,但抄表功能无法正常运行的结果,导致整台区电能表采集失败或批量采集失败,此种情况需联系终端厂家进行升级程序处理。

2.6.3 电能表问题

2.6.3.1 档案问题

由于电能表通信地址、通信端口、表规约和表类型不正确,台区划分和台区动迁等情况,造成营销系统和用电信息采集系统档案不一致、档案不全或者档案重复的情况,需通过营销及用电信息采集系统进行档案维护,确保营销系统、用电信息采集系统与现场电表信息的统一性。

2.6.3.2 电能表模块问题

由于电能表模块需用电能表电压供电运行,如台区出现电压波动,电能表电压远高于工作电压(一般情况下,Un = 220 V ,176 ~ 264 V),电表模块烧坏概率增大。现场可通过重新插拔模块,观察电表显示屏是否出现"心跳"符号及模块信号灯是否正常显示来判断模块损坏与否。如现场重新插拔模块后电表显示屏无"心跳"符号,模块灯不闪烁,则说明模块已经损坏,需及时更换新的载波模块。

2.6.3.3 RS-485 表通信端口问题

RS-485 表通信端口损坏,可以通过 RS-485 通信检测设备或万用表确认问题情况。一般情况下,RS-485 表通信端口电压为 DC 2 ~ 5 V,如出现 RS-485 表通信端口电压测量为 0,且电能表采集失败,应联系电能表厂家进行维修或更换电能表处理。

2.6.3.4 电能表自身问题

1.电能表通信地址错误

电能表档案中的电能表通信地址与实际安装位置的电能表通信地址不一致,可利用现场手持设备红外读取表内地址,或通过电能表按键将 12 位表地址按出,确认正确表地址后,需要在营销系统中更新电能表档案信息,并同步至采集系统中。

2.电能表未上电

电能表在现场可能由于不工作或其他特殊原因需要不上电，但主站系统未知，所以造成抄表失败。

3.电能表本身损坏

电能表不能正常工作、烧毁、不显示示数，或者使用专用测试工具进行通信测试无法成功的电能表，都必须及时更换。

4.电能表时钟问题

终端抄读电能表数据时，电能表需要保证时钟正常，时钟超差较大，将会导致数据无法正常抄读。时钟错误可利用现场手持终端对电表进行校时操作，如手持终端与电表密码不匹配导致校时失败，需联系电表厂家调整电能表时钟。

2.6.4　台区问题

2.6.4.1　台区户变关系问题

不属于本台区的电能表，若错误添加到本台区档案中，会导致这部分电能表抄读异常。应该将这部分电能表档案信息从营销系统和采集系统进行同步修改，以保证户变关系的准确性。

2.6.4.2　台区线路干扰问题

台区线路干扰，主要包括线路设备干扰和用户设备干扰两类。

1.线路设备干扰

线路设备干扰指线路上设备引发的干扰。常见干扰源有有线电视信号放大器设备，移动、联通信号放大设备等。这部分设备故障或工作异常，引起电力线信号干扰等问题，影响电力线载波信号的正常传输，造成批量电表抄读失败。问题表现为失败表呈区域分布，使用载波抄控器在抄读失败电表处无法接收到抄表信号。

具体解决方法：首先，根据失败电表分布区域情况，人工巡视线路挂接负载情况，逐个进行手动断电操作，检测断电后失败表区域电力线信号传送情况，确认具体干扰源。如无法人工确定，则需借助于设备进行判断。其次，使用载波抄控器设备，在失败表区域逐个电表定点监控，或通过向抄读成功的电表发送抄读命令，观察是否能获得回码数据，逐步缩小干扰源区域，确定具体干扰源，并通过手动断电，检测电力线信号传输情况，最终确定干扰源。

2.用户设备干扰

用户设备干扰指电力用户家庭用电设备故障、损坏等，造成电力线载波信号传输受到干扰。干扰源通常包括家用电动车充电器、电动机等的故障或损坏，引起电力线干扰等问题，影响电力线载波信号的正常传输，造成部分或批量电能表抄读失败。

具体解决方法：首先根据失败表分布区域，通过载波抄控器等信号监控设备，采用信号监控方式，确认是否为干扰区域，以及采用向抄读成功的电能表发送抄表命令的方式，确认能否抄读成功，缩小干扰区域。其次，对锁定的最终干扰区域，需进行逐户排查，通过采用逐户表前停电的方式，同步观察电力线干扰情况。对于用户设备干扰，如果该户表前断电，则干扰消失，电力线信号传输恢复正常，则可锁定该户家庭电路存在问题。采取对用户家庭设备逐个停电的方式，关注电力线信号收发情况，最终在用户家中找出损坏设备。

设备干扰一般可通过在台区线路上搭建中继的方法进行处理，将载波信号正常的电能表与抄读失败的电能表进行通信链路连接，实现电表的数据采集工作。

2.6.4.3　台区线路自身缺点

1.线路过长

电力线载波信号传输，对线路距离有一定限制，一般载波方案要求电表距离变压器不超过 2 km，如果线路过长，会导致载波信号严重衰减，造成线路末端电能表抄读不稳定，或抄读失败。

2.线路老化

电力线载波信号的传输，对线路自身的通信质量有一定要求，包括电力线噪声情况、电力线阻抗情况等。电力线路老化、线路杂乱，会导致线路上噪声过大、阻抗过高，引起电力信号传输的大幅度衰减、损耗，进而导致批量电能表抄读不稳定或抄读失败。

3.线路电压异常

电力线电压的稳定是通信能力的根本保证，线路电压过低或过高，会造成信号传输通道的不稳定，致使载波信号传输异常，从而引发大批量电表抄读失败。需检测电力线电压稳定性，根据造成电压不稳的原因进行处理。

2.7　低压光伏用户调试

2.7.1　光伏表新装流程

光伏表新装流程与采集新装流程基本一致，但在以下环节有较小区别：

区别 1：营销加表环节。用户类型选择“发电客户”，输入“台区名称”，如图 2-69 所示。

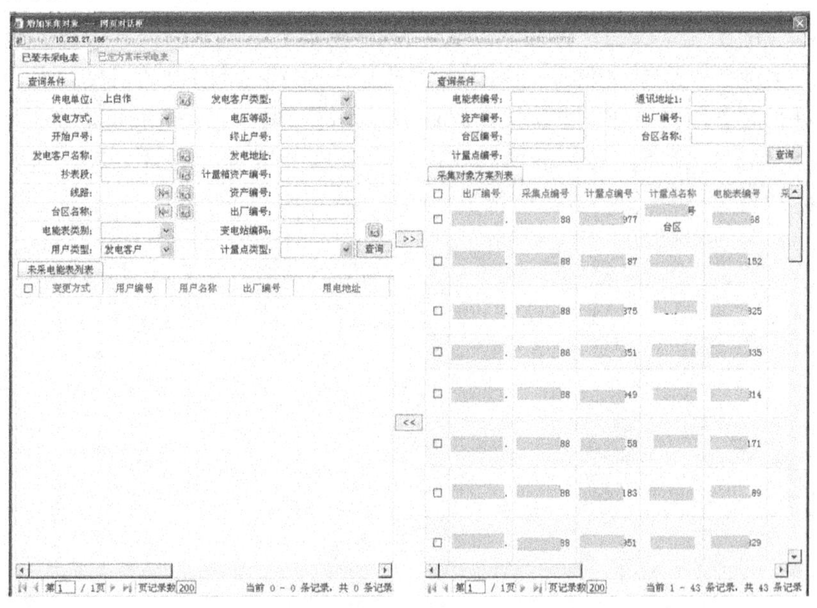

图 2-69

区别 2：由于光伏表添加至用电信息采集后，电能表参数中端口号默认为 1，需修改为 31，再进行参数下发。也可在工单推送至用电信息采集环节,在【电能表信息】页面中直接修改,如图 2-70 所示。

采集点信息 电能表信息 参数下发/召测 数据召测 调试结果

采集点信息

序号	供电单位	采集点编号	采集点名称	终端资产编号	行政区划码	终端地址	终端类型	变更类型
1	愚村	00	采集点	4130	4131		集中器	保留

首页 上一页 1 /1 下一页 尾页

电能表信息 保存

序号	用户编号	用户名称	用户大类	变更类型	电表资产编号	测量点号	端口号	电表规约	测量点类型	用户小类
1			居民用户(E类)	新装	413000100000	51	31	国标DT/L645-2007规约	冻结电表	单相单费率表

图 2-70

注意,端口号更改为 31 后,点击右下角【保存】。

2.7.2 光伏表重点用户设置

由于光伏表用户存在上网电量,在许多情况下需要抄读电表反向电量实现台区线损的准确计算,因此需要对无法实现反向自动采集的电表进行重点用户设置。376 规约终端操作路径:电采系统【采集业务】→【终端运行管理】→【终端参数设置】→【终端配置参数】→【终端台区集中抄表重点户设置】界面进行重点用户参数下发,如图 2-71 所示。

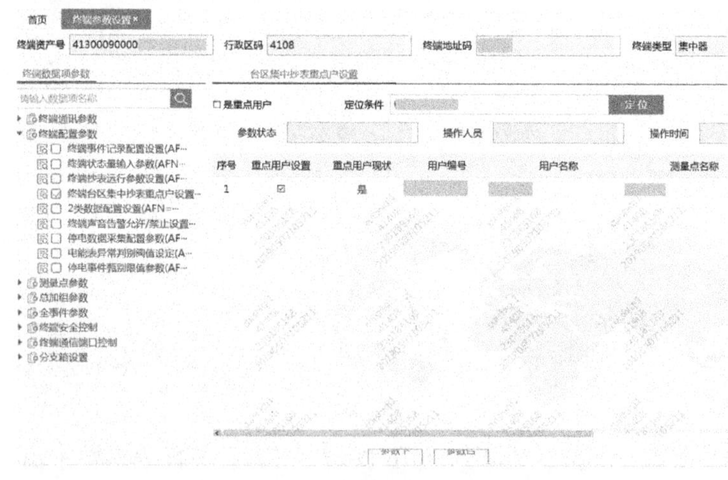

图 2-71

面向对象通信协议终端操作路径：电采系统【采集业务】→【终端运行管理】→【终端参数设置】→【终端配置信息】→【低压光伏用户设置】界面进行重点用户参数下发，如图 2-72 所示。

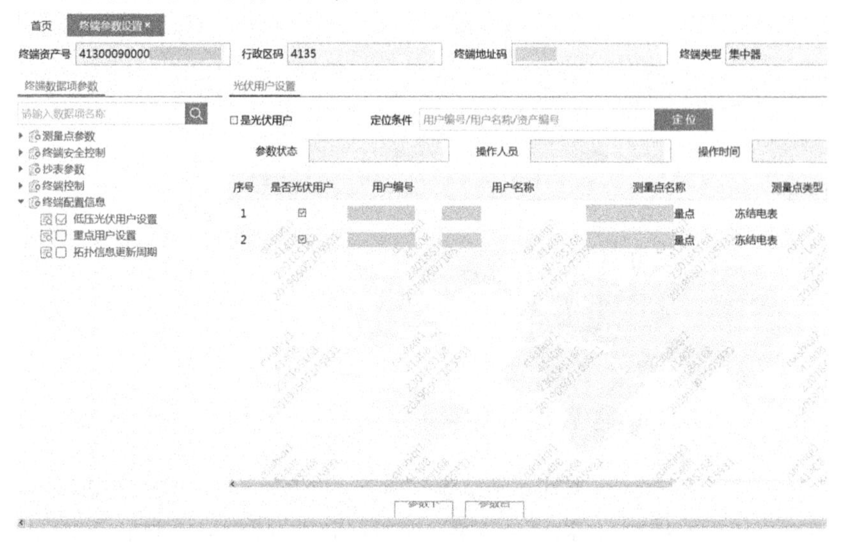

图 2-72

2.8　异常数据处理

2.8.1　单一异常分析

单一异常分析包括电量异常诊断、电压电流异常诊断、异常用电诊断、负荷异常诊断、时钟异常诊断、接线异常诊断、费控异常诊断。异常数据可帮助监控电表运行及用户用电情况。

查询路径：选择【业务应用】→【计量装置在线监测】→【单一异常分析】，选择供电单位、开始时间、结束时间、异常状态、异常等级等信息，点击 查询 ，会显示各类异常数诊断，如图 2-73 所示。

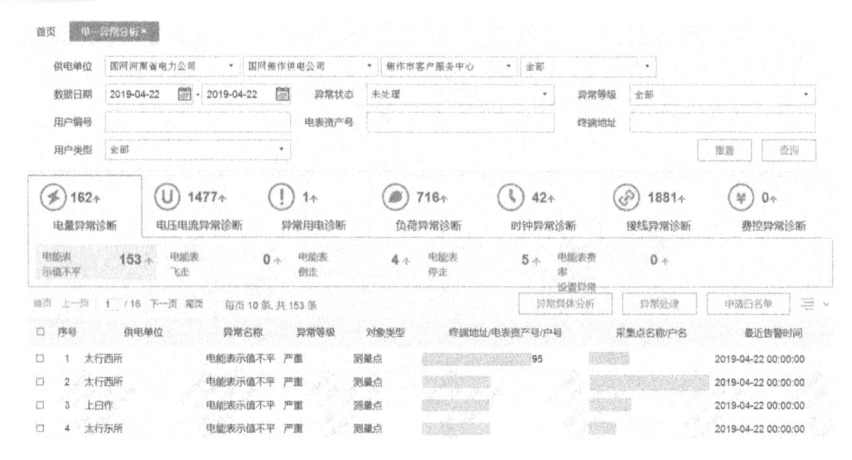

图 2-73

2.8.2　日冻结异常数据处理

由于营销系统对于日冻结数据状态为“非正常”的数据不予利用，影响抄表算费及线损计算，需要定期对每日冻结的异常数据进行审核，验证通过后才能推送至营销系统。数据状态“非正常”的各类情况如下所述：

(1)参数未下发：测量点 04F10 参数(终端电能表/交流采样装置配置参数)未下发(数据日期 24:00 前)，如果设置白名单，此异常不做判断。

(2)电表飞走：(当日示值-前 1 正常示值)×综合倍率>(当日示值日期-前 1 正常示值日期)电表额定电压×电表最大电流×24×1×x(如果是单相表为 1，否则为 3)×y(如果设置白名单为 1.2，否则为 1) /1 000 。

(3)电表倒走：当日示值<前 1 正常示值，如果设置白名单，此异常不做判断。

(4)费率异常：(总示值-尖示值-峰示值-平示值-谷示值)的绝对值>0.5×x(如果设置白名单为 1.2，否则为 1)，任意费率示值<前 1 正常费率示值。

* 验证正常操作时间为 00:00~21:00。

选择【统计查询】→【采集数据查询】→【日冻结异常数据处理】，根据供电单位、对象名称、抄表段编号等条件查询，结果如图 2-74 所示。

首页　日冻结异常数据处理 ×
异常数据统计　数据查询　处理记录　白名单管理
供电单位　国网河南省电力公司　国网焦作供电公司　焦作市客户服务中心　全部
数据日期　2019-04-23　数据类型　日冻结电能示值　重置　查询
首页　上一页　1　/3　下一页　尾页　每页 10 条，共 27 条　单位：%

序号	供电单位	数据总数	正常数据总数	未下发测量点数据总数	飞走数据总数	倒走数据总数	费率异常数据总数	异常数据总数	数据正确率
1	客户中心	450034	449313	399	0	73	249	721	99.84
2	客户中心	14	14	0	0	0	0	0	100.00
3	中心解放	28741	28735	0	0	0	6	6	99.98
4	中心民主	24787	24528	248	0	0	11	259	98.96
5	太行东所	25794	25712	0	0	59	23	82	99.68
6	太行西所	24019	24000	0	0	7	12	19	99.92

图 2-74

选择【数据查询】Tab 页，如图 2-75 所示，勾选所需处理的异常数据，根据实际情况进行验证。

首页　日冻结异常数据处理 ×
异常数据统计　数据查询　处理记录　白名单管理
供电单位　国网河南省电力公司　国网焦作供电公司　焦作市客户服务中心　全部
对象名称　数据日期　2019-04-23　用户大类
抄表段编号　电表资产号　数据类型　日冻结电能示值
异常类型　全部　重置　查询
首页　上一页　1　/69　下一页　尾页　每页 10 条，共 687 条　单位：kW/h

序号	供电单位	用户编号	用电名称	用户大类	抄表段编号	电表资产号	白名单类型				异常类
							未下发测量点	飞走	倒走	费率异常	
1	朱村			单相一般工商…			否	否	否	否	未下发测量
2	朱村			居民用户（E类）			否	否	否	否	未下发测量
3	朱村			居民用户（E类）			否	否	否	否	未下发测量
4	朱村			居民用户（E类）			否	否	否	否	未下发测量

图 2-75

可选择【数据召测】直抄及现场核查等方式确认电表示值，如已恢复正常，点击【数据验证】，选择正确行数据信息，点击【确定】即可，如图 2-76 所示。

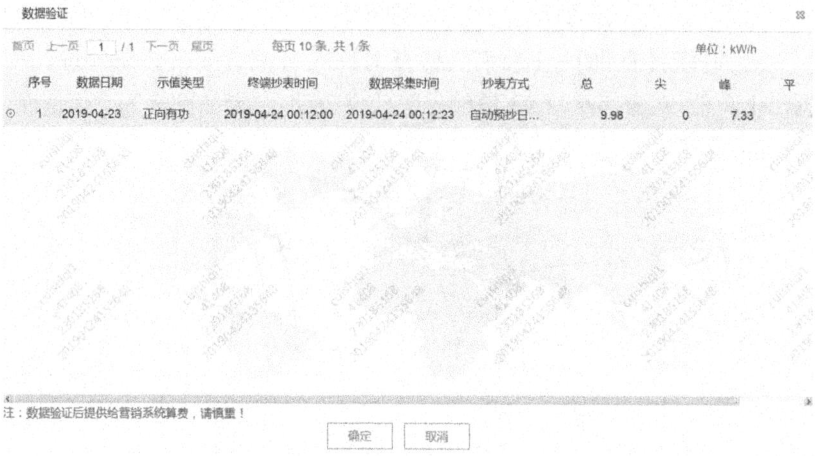

数据验证

首页　上一页　1　/1　下一页　尾页　　每页 10 条, 共 1 条　　单位：kW/h

序号	数据日期	示值类型	终端抄表时间	数据采集时间	抄表方式	总	尖	峰	平
1	2019-04-23	正向有功	2019-04-24 00:12:00	2019-04-24 00:12:23	自动预抄日...	9.98	0	7.33	

注：数据验证后提供给营销系统算费，请慎重！

确定　取消

图 2-76

2.9　费控运维

根据远程费控的操作流程,需对参与费控的各个流程进行分析,任何一个环节出现问题都会导致费控失败。在现场排查时一般是从主站环节开始自上而下排查:主站是否正常下发报文、主站费控流程是否正常、主站等待费控命令执行超时是否过短、集中器是否收到报文并转发、集中器等待费控执行时间是否过短、路由是否正常执行透抄、路由透抄时间是否足够、现场是否适合开启透抄节点定向点抄使能、采集器是否正常下发给电表、电表是否正常回复,对各个环节逐一排查分析,能更准确地定位问题点。以上过程需要从主站到电表端进行报文监控及分析。

2.9.1　主站问题

(1) 主站没有下发费控报文或者下发的费控报文有问题。

通过查看主站后台报文、现场监控集中器 GPRS 报文来分析主站是否下发了正确的费控报文。

(2) 主站超时时间较短(建议大于 90 s)导致费控失败。

通过主站后台报文、现场监控集中器GPRS报文分析。

(3)主站对于终端回复的报文没有正常处理。

通过主站后台报文分析，主站收到回复的费控报文后是否正常处理。

2.9.2　集中器问题

(1)集中器超时时间较短。

查看集中器和路由之间的交互报文，查看超时时间是否足够(建议90 s以上)。

(2)集中器不支持数据转发或者转发费控命令不及时。

查看集中器GPRS报文、集中器和路由之间的交互报文，分析集中器收到报文后是否正常转发给路由。

(3)集中器自身问题在线不稳定。

通过主站或者现场查看集中器的在线状态是否稳定，查看SIM卡信号强度。

2.9.3　路由问题

(1)路由超时时间设置问题。

通过调试软件读取路由监控时长设置，建议设置为90 s。

(2)路由路径不合理。

读取路由路径并现场测试验证路径是否合理。

2.9.4　电表问题

(1)电表身份验证失败。

在电表端监控报文并查看电表收到身份验证命令时能否正常回复。

(2)电表执行命令后由于继电器问题导致不能正常拉合闸。

根据现场测量电表进、出线的电压情况来判断是否执行拉合闸操作。

(3)允许合闸和立即合闸区别。

09规约电表支持允许合闸，不支持立即合闸。

(4)三相表跳合闸执行。

三相表未接跳闸控制信号线，外置开关不规范或未安装等。

2.9.5　载波问题

(1)现场存在台区串扰。

该问题在背靠背集中器中尤为明显,现场通过监控、抄控器测试等方式来确定问题。

(2)干扰、线路较长等问题影响载波通信成功率。

现场寻找干扰源,搭建路径测试载波通信情况。

2.10　电表校时

2.10.1　电采系统校时

电采系统可通过用户编号、电表资产号等进行电表时钟的召测及下发的功能。操作路径:选择【采集业务】→【时钟管理】→【电表对时】→【电表时钟明细】,根据相关条件(用户编号、电表资产号等)进行搜索,选中电表明细中的列表数据,可对电表进行召测时钟和下发时钟,如图 2-77 所示。

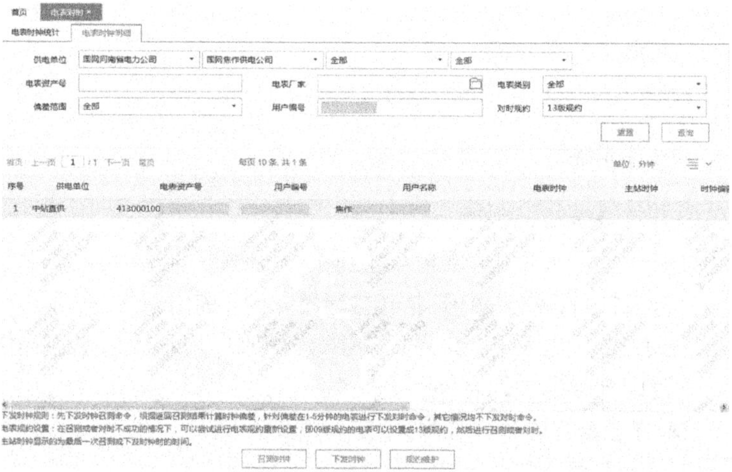

图 2-77

2.10.2　现场作业终端校时

采集运维闭环管理系统可通过下发电表校时工单利用现场作业终端进行校时操作。采集运维闭环管理系统登录界面如图 2-78 所示。操作路径:选择【现场应用】→【现场业务管理】→【现场校时】→【现场校时待办】,点击【新建工单】,如图 2-79 所示。

图 2-78

在弹出的对话框内输入用户编号或电表资产号,点击【查询】,选择查到的信息行,点击【新建工单】,完成现场校时工单创建,如图 2-80 所示。

回到【待派工】界面,选中【创建工单】,点击【派发】,在弹出的对话框内选择派工对象,点击【派工】,如图 2-81 所示。工作人员利用采集运维现场作业终端现场对电表进行校时,如出现校时失败情况,可长按电表编程键,再次进行尝试工作,显示校时成功,即完成操作。

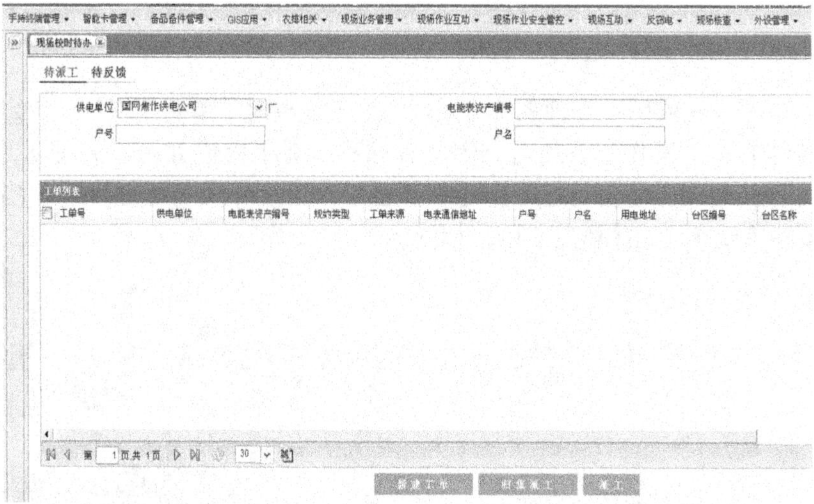

手持终端管理 ▾ 智能卡管理 ▾ 备品备件管理 ▾ GIS应用 ▾ 农排相关 ▾ 现场业务管理 ▾ 现场作业互动 ▾ 现场作业安全管控 ▾ 现场互动 ▾ 反窃电 ▾ 现场核查 ▾ 外设管理 ▾

现场校时待办

待派工 待反馈

供电单位 国网焦作供电公司

电能表资产编号

户号

户名

工单列表

工单号	供电单位	电能表资产编号	规约类型	工单来源	电表通信地址	户号	户名	用电地址	台区编号	台区名称

第 1 页共 1 页 30

新建工单 [illegible] 派工

图 2-79

电能表查询

供电单位 国网焦作供电公司 台区编号 台区名称

户号 户名 用户类型 全部 专变 公变 低压

终端逻辑地址 终端资产编号 电能表资产编号

查询 重置

电能表列表

供电单位编码	供电单位	电能表资产编号	电能表类型	电表通信地址	户号	户名	用电地址	台区编号	台区名称	用户类型

第 1 页共 1 页 30 没有记录

新建工单 导入

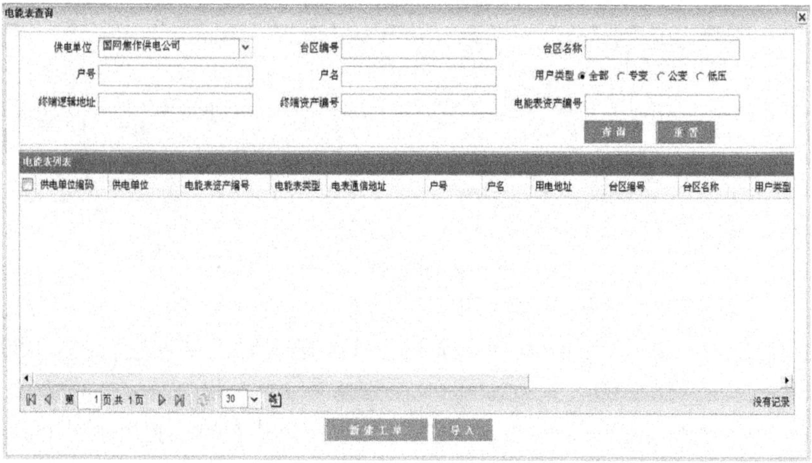

图 2-80

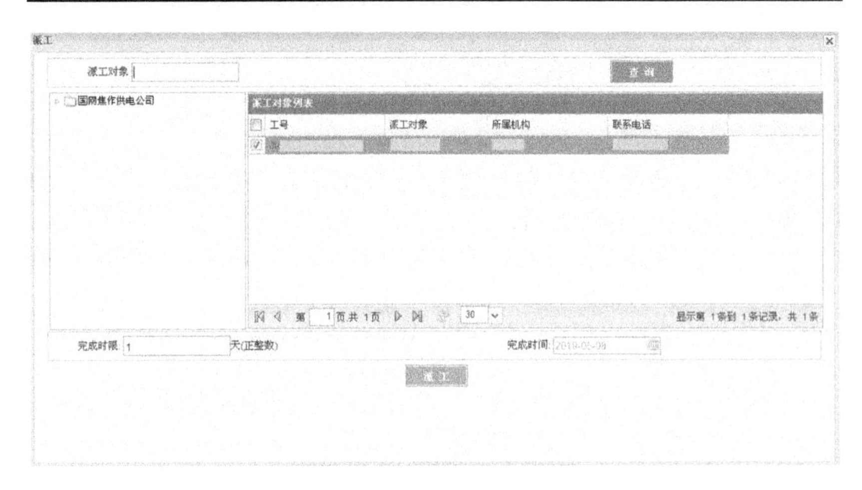

图 2-81

2.11　采集闭环系统工单处理

2.11.1　采集运维工单考核指标查询

查询路径：采集运维闭环管理系统【考核指标】→【采集运维情况】→【工单处理竞赛】，如图 2-82 所示。

采集成功率 · 系统运行质量 · 采集运维情况 · 采集系统应用 · 采集运维质量评价 · 国网统计指标 · 考核指标 · 省级统计指标

工单处理竞赛

供电单位 焦作市客户服务中心　统计日期 2019-05-06　统计

首页 上一页 1 /2 跳转 下一页 末页 打印 导出

采集运维应用情况考核表

统计单位：焦作市客户服务中心　"单位:%"

序号	单位	采集异常工单应用情况				现场作业终端应用情况		长期不通用户治理		加权后分值
		派发率(权重0.3)	反馈率(权重0.2)	归档率(权重0.1)	小计	现场作业终端应用率(权重0.1)	小计	长期不通用户治理归档率(权重0.3)	小计	
	合计	80	100	97.11	53.711	100	100	100	30	93.711
1	中心直供	100	100	100	60	100	10	100	30	100
2	中心解放	100	100	60	56	100	10	100	30	96
3	中心民主	100	100	100	60	100	10	100	30	100
4	太行东所	100	100	100	60	100	10	100	30	100
5	太行西所	100	100	100	60	100	10	100	30	100

图 2-82

2.11.2　采集异常工单派发与处理

2.11.2.1　工单派发

派发路径:采集运维闭环管理系统【闭环管理】→【采集异常运维】→【采集异常待办】→【采集异常待办(专变/公变/低压)】,如图 2-83 所示。

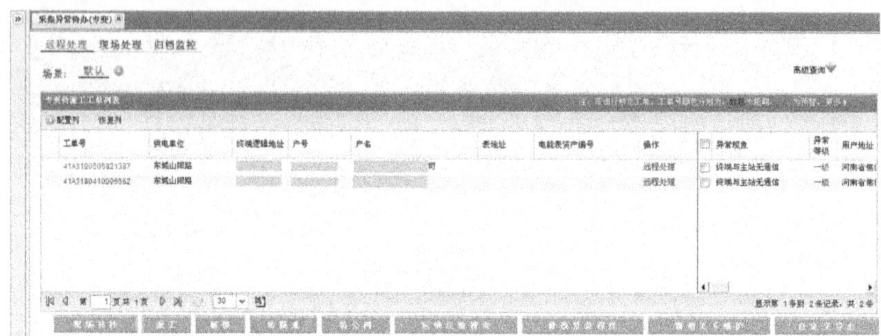

图 2-83

勾选工单,点击【派工】,在弹出的对话框内选择派工对象,点击【关联】、【派工】,如图 2-84 所示。

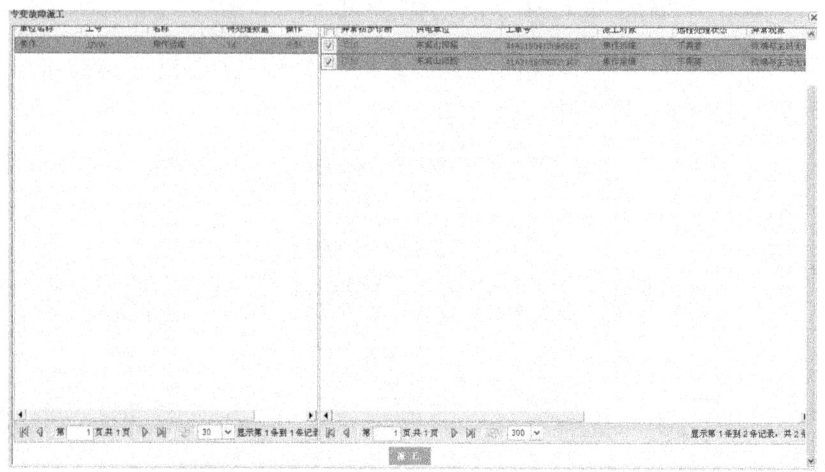

图 2-84

2.11.2.2　工单反馈

被派工人登录自己的账号,在【采集异常待办】→【现场处理】界面,勾选工单,点击【反馈】,如图 2-85 所示。

图 2-85

选择检查到的异常原因,点击【转待归档】,如图 2-86 所示,即可完成工单反馈工作。

图 2-86

工单可在采集运维闭环管理系统上反馈,也可在采集运维现场作业终端上反馈,各单位根据实际情况,选择工单反馈方式。图 2-87 ~ 图 2-89 为采集运维现场作业终端反馈工单方法。

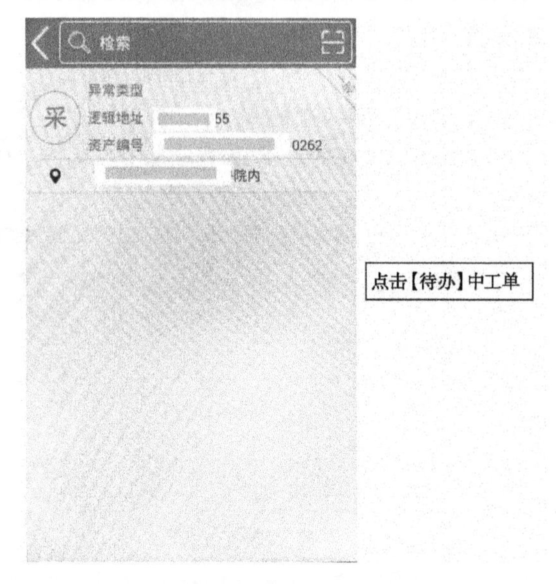
检索
采
异常类型
逻辑地址 55
资产编号 0262
院内
点击【待办】中工单

图 2-87

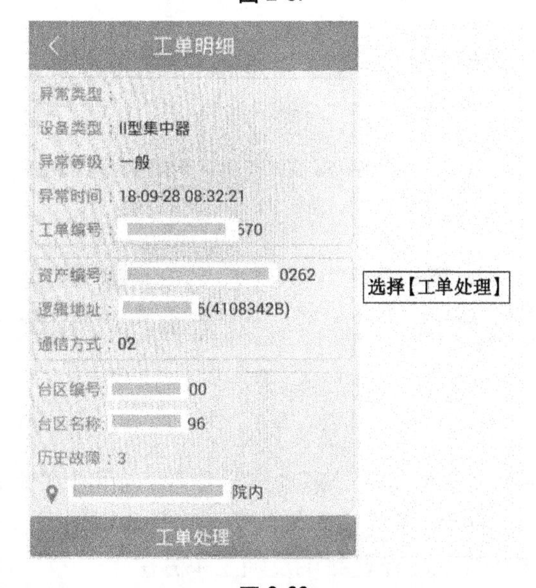
工单明细
异常类型：
设备类型：II型集中器
异常等级：一般
异常时间：18-09-28 08:32:21
工单编号： 570
资产编号： 0262
逻辑地址： 5(4108342B)
通信方式：02
台区编号: 00
台区名称: 96
历史故障：3
院内
工单处理
选择【工单处理】

图 2-88

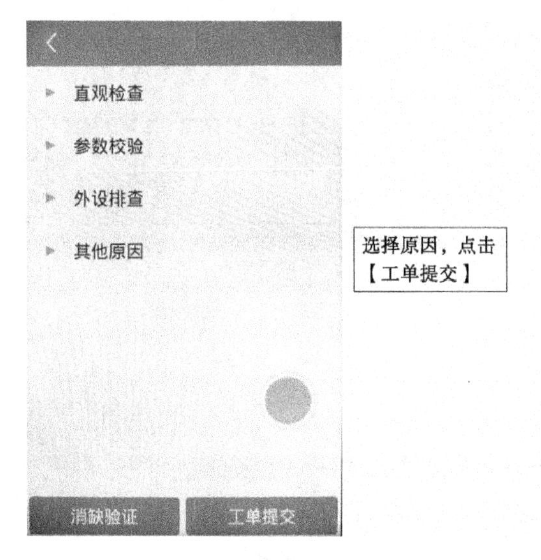

图 2-89

工单流程结束。

2.11.3　长期不通户治理工单

工单完成情况查询路径：采集运维闭环管理系统【闭环管理】→【两率一损工单处理】→【工作工单管理监控】→【长期不通用户集中治理统计表】中可查询各单位工单完成情况，如图 2-90 所示。

"两率一损"长期不通用户集中治理统计表

序号	公司编码	公司简称	工单完成情况																			
			台区数	用户数	生成数	归档台区数	台区归档率(%)	待分析	待派工	待处理	待审核	归档数								归档率(%)	归档数较昨日提升
												远程采回	用户销户	实施停电	计量点停用	采集补采	换表	手工归档数	合计		
	合计		122	126	126	122	100	0	0	0	0	7	0'	115	0	4	0	0	126	100	0
1	4140800	客户中心	59	59	59	59	100	0	0	0	0	0	0	59	0	0	0	0	59	100	0
2	4140826	武陟	39	39	39	39	100	0	0	0	0	0	0	39	0	0	0	0	39	100	0
3	4140824	博爱	11	11	11	11	100	0	0	0	0	0	0	11	0	0	0	0	11	100	0
4	4140825	沁阳	2	2	2	2	100	0	0	0	0	0	0	2	0	0	0	0	2	100	0

图 2-90

远程采回，用户销户，采集运维现场作业终端补采，换表，已实施停电等方式均可归档工单。

工单明细查询路径:采集运维闭环管理系统【闭环管理】→【两率一损工单处理】→【工作工单管理】→【工作工单管理查询】→选择工单类型【长期不通用户集中治理】,视图选择【按用户】,如图 2-91 所示,可查询各单位工单明细。

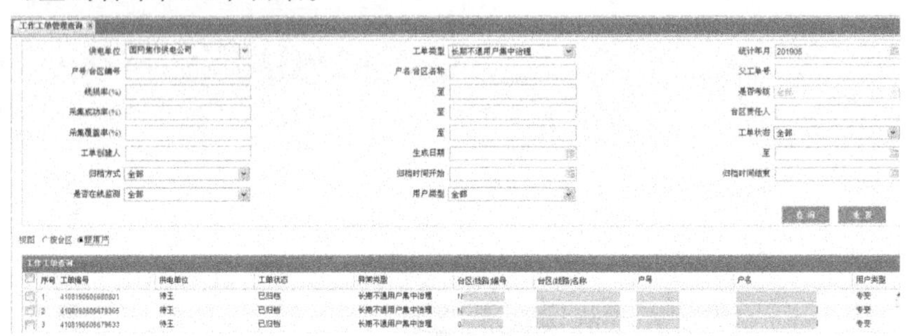

图 2-91

工单状态为“已归档”的为完成治理用户,其他状态均为未完成治理。

2.12　现场故障排查典型案例

2.12.1　案例一

“A 台区”下有一表箱整体未抄回,查看资产编号后发现这批电表与台区其他电表不是同一类型,但相关人员反映为一批电表,仔细查询发现该批电表资产编号为 413 电表,但资产编号非 413,怀疑这批电表走换表流程时相关流程出错,营销默认表地址未去掉校验位,当走流程修改表地址,去掉校验位,推送至用电信息采集后,表箱 13 块电表全部抄回。

2.12.2　案例二

“B 台区”之前一直是 100%抄通率,但在一段时间内 54 只电表未抄通，重新清参下发后仍召不回数据，现场查看终端，发现 C 相接线头掉落，重新接线后测量零线电压，显示零线带 60 V 的电压，查看变压器接地情况，发现与接地铁片接口处螺丝松动，导致接地不良，拧紧螺丝并在终端零线重新拉线接地，确保零线不带电，处理后电表已全部抄回。

2.12.3　案例三

“C 台区”抄读不稳定，现场经排查发现该集中器所接 A 相电压存在异常，有一段时间在 200 V 以下，检查电路，电压恢复正常后，集中器恢复抄读。

2.12.4　案例四

“D 台区”用电信息采集系统—抄表情况明细处，查看台区日抄读明细，发现台区长期 14 块电表未抄通，用电信息采集数据召测数预抄电表失败，直抄电表可抄读成功，判断台区路由抄读路径存在问题，对台区电表参数初始化后，再进行重新下发，电表恢复正常抄读。

2.12.5　案例五

“E 台区”小批量电表未抄通，测量集中器各相电压均正常，查询路由从节点等信息，发现该路由从节点 1 信息异常，造成路由与集中器一直同步，而不抄表，删除该错误从节点等信息后，集中器恢复抄表。但后续发现，该台区有 1 条街道共计 20 余块电表只有部分抄回，现场排查及向电工师傅了解到，这些电表属于本台区，除 4 块电表离得较远外，其余电表距离变压器并不是太远，但载波抄控器在集中器处不可抄，表箱与表箱之间抄读效果较差，后设置路由低速抄读及电表中继，电表全抄回。

供电所用电信息采集排查常见情况及处理方式见表 2-2。

表 2-2

问题分类	原因分析	处理方式
户变关系错误	户表关系不正确,电表信息现场与系统保持一致方可抄通	调整用户档案信息
用户需销户	用户待销户,等待微机员走销户流程	营销走销户流程
参数未下发或错下发	用电信息采集系统新增电表时忘下发参数,电表不可抄或抄错	重新下发参数
电表损坏	电表运行故障,电表黑屏,无法正常工作	更换电表
模块混装	台区需保证集中器路由方案与户表方案一致	更换模块
模块损坏	电表电压过高等因素或引起模块损坏	更换模块
电表未上电	电表需保证表前接电	表前接电
电表未安装	系统中已经建档电表,需保持现场正常运行	安装电表
终端离线	终端由于 SIM 卡欠费、信号差,台区停电造成整台区不抄表	联系运维单位处理
载波信号差	由于台区线路较长,台区存在干扰等因素导致不抄表	调整线路或求助厂家技术解决

2.13 载波抄控器使用说明

2.13.1 鼎信载波抄控器使用说明

2.13.1.1 所需设备

鼎信载波抄控器(装载鼎信载波抄表程序)、电源线、232 串口或 USB 转 232 串口。

2.13.1.2　抄表实际连接效果图

所需设备准备齐全后,便可以按照图 2-92 所示的实际连接效果图连接载波抄控器、抄控器和载波表。连接完成后,进入抄表测试。

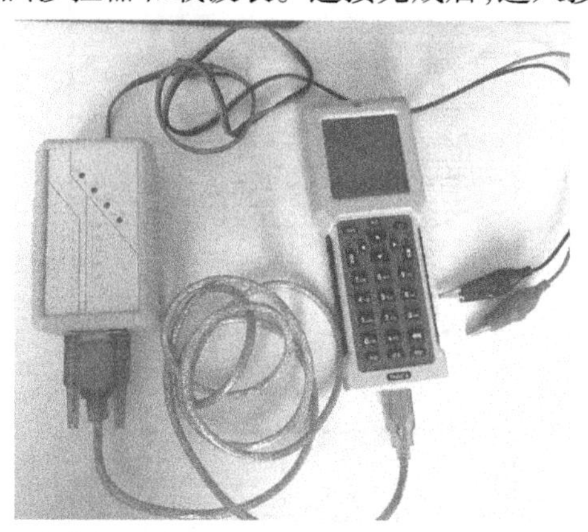

图 2-92

2.13.1.3　使用载波抄控器、抄控器抄读载波电能表

按"退出"键直至主界面,如图 2-93 所示。

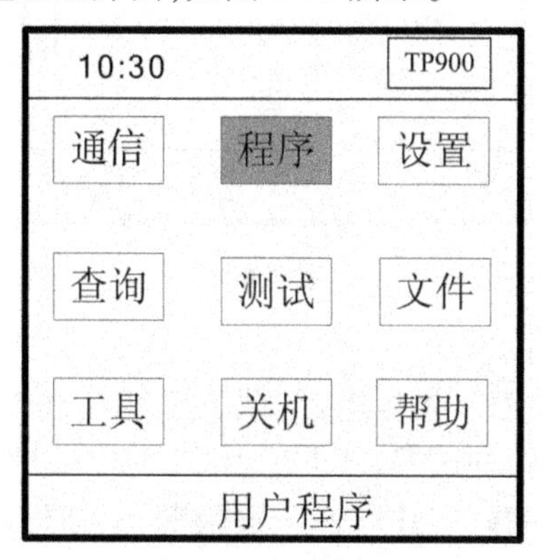

图 2-93

选择"程序",按"确认"键进入,选择"鼎信 07"→确认→"tcs081-07"→确认,进入图 2-94 所示界面。

按"确认"键进入程序界面,如图 2-95 所示。

鼎信电力载波系统

掌上电脑抄设程序

DL645/07版

版本V2.00

2010-03-30

图 2-94

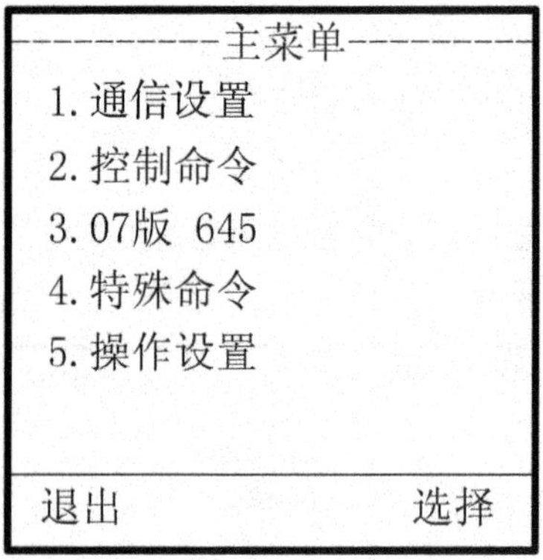

----------主菜单---------

1. 通信设置

2. 控制命令

3. 07版 645

4. 特殊命令

5. 操作设置

退出　　　　　　选择

图 2-95

1.通信设置

选择“1.通信设置”,可以进行“载波速率”的选择。

载波速率支持四种速率:50 b/s、100 b/s、600 b/s、1 200 b/s。根据实际情况选择需要的载波速率。一般情况下,通信距离较近时可选择600 b/s 或 1 200 b/s;通信距离较远时可选择 100 b/s 或 50 b/s。

其他的 3 个选项一般不需要设置。

2.电表抄读

1)表号输入

按以下路径进入电表抄读:07 版 645→确认→抄读命令→确认→0

级中继→确认。

在弹出的对话框“请输入表号:”内输入表号,000000000001 是默认的初始表号。

标准表号为 12 位,在这里可以输入任意长度的表号,不足 12 位时,程序自动在前面补 0。

2) 抄读电量

表号输入后,按“确认”键进入如图 2-96 所示界面。

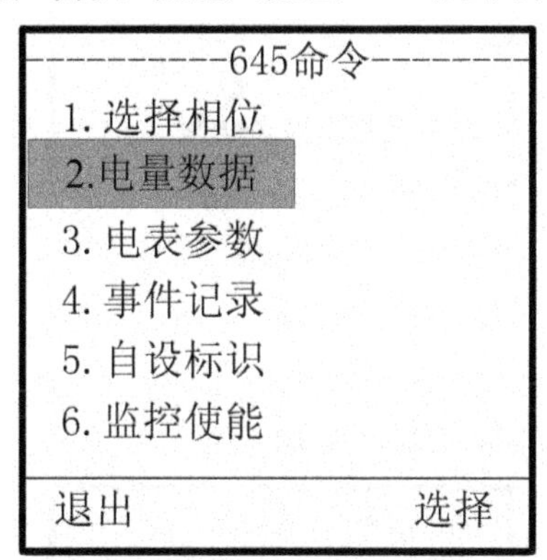

图 2-96

选择“2.电量数据”进入图 2-97 所示界面。

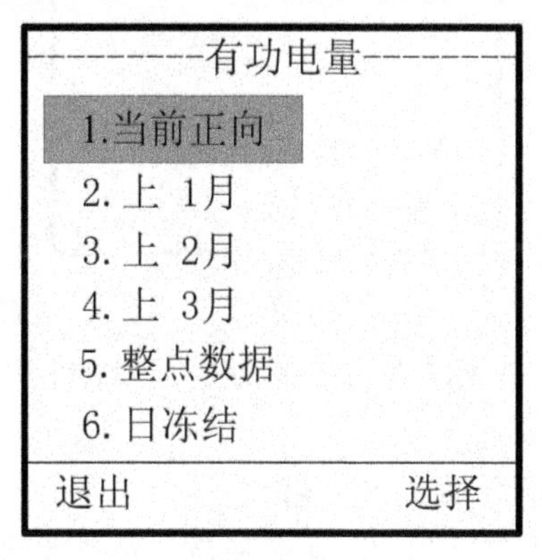

图 2-97

一般最常用为“1.当前正向”选择后按“确认”键即开始抄表,等待界面如图 2-98 所示。

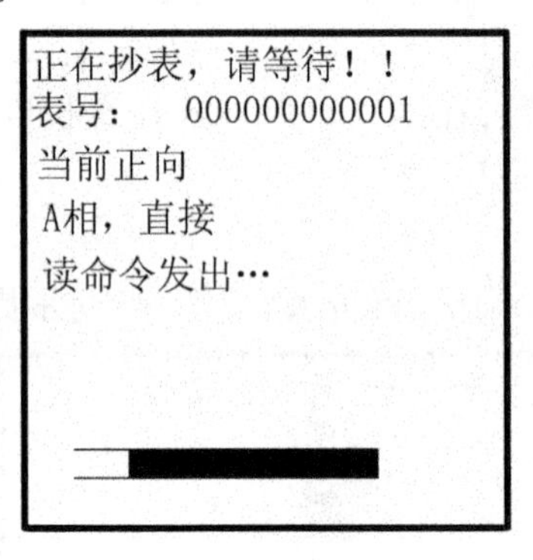

图 2-98

3）返回结果

A.抄读成功

抄读成功后返回如图 2-99 所示界面。

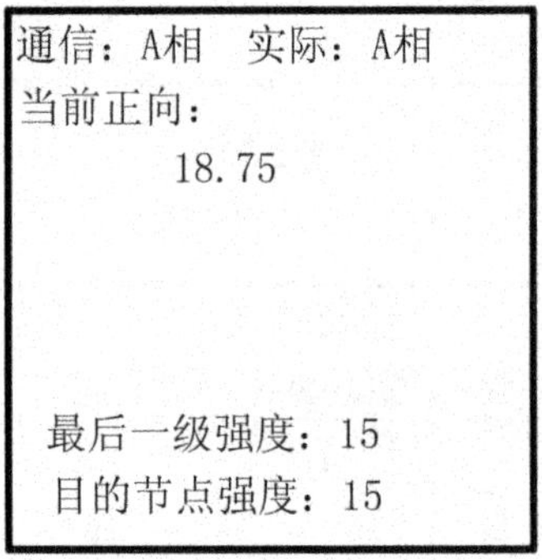

通信：A相　实际：A相
当前正向：
18.75
最后一级强度：15
目的节点强度：15

图 2-99

界面中,“通信:A 相”为选择的命令下发的相位;“实际:A 相”为电表的实际相位。

“当前正向:18.75”为返回电量值。

“最后一级强度”与“目的节点强度”为载波表处通信时的信号强度。

B.抄读失败

若返回,则出现如图 2-100 所示界面。

图 2-100

请检查载波抄控器、抄控器电源线的连接,确认接线无误。

C.通信超时

界面返回“通信超时”并伴有蜂鸣时,电能表抄读失败。此时有以下 3 种可能:

(1)电能表故障。

(2)载波模块故障。

(3)通信距离太远,信号强度不够,改用低速率尝试。

2.13.2　瑞斯康载波抄控器使用说明

2.13.2.1　面板按键说明

RISE-SCI 200 型瑞斯康手持终端如图 2-101 所示。

取消:具有退出当前工作菜单或删除数据的功能。

确定:进入功能菜单或数字确认操作。

2.13.2.2　使用说明

1.进入通信参数

主界面如图 2-102 所示。

“1”指示当前为通信参数状态。

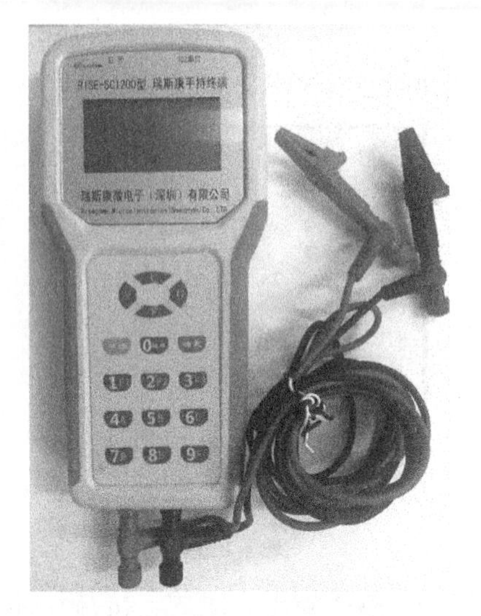

图 2-101

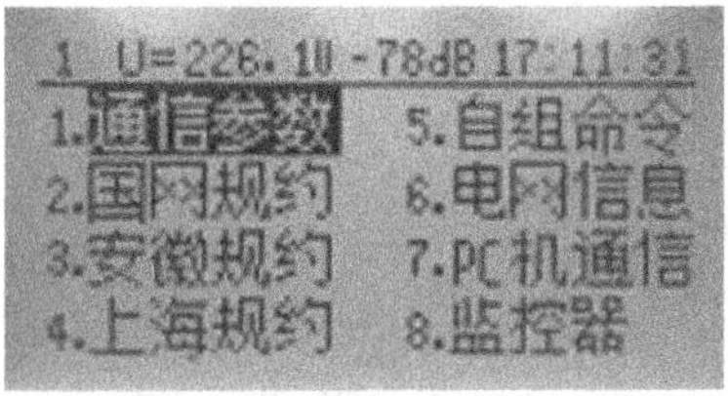

1 U=226.1V -78dB 17:11:31
1.通信参数　5.自组命令
2.国网规约　6.电网信息
3.安徽规约　7.PC机通信
4.上海规约　8.监控器

图 2-102

“U=226.1V”指示当前的交流市电电压有效值。

“-78dB”指示接收到载波数据包信号强度,默认显示为-78 dB。

“17:11:31”指示系统时间的时:分:秒。

2.选择通信参数

如图 2-103 所示,选择通信参数为“红外 1 200 b/s”“红外2 400 b/s”“载波通信”“23 通信”“系统时间”。

图 2-103

使用“上”、“下”键选择不同的速率,使用“确定”键确认选择,下行箭头指示确认的通信方式,一般选择载波通信。

3.选择国网规约

如图 2-104 所示,选择国网规约为“有功电能”、“读数据项”、“写数据项”、“超时时间”,一般选择有功电能。

4.输入 12 位表号

如图 2-105 所示,读 00 00 35 36 31 28 通信地址的日冻结正向有功电能。

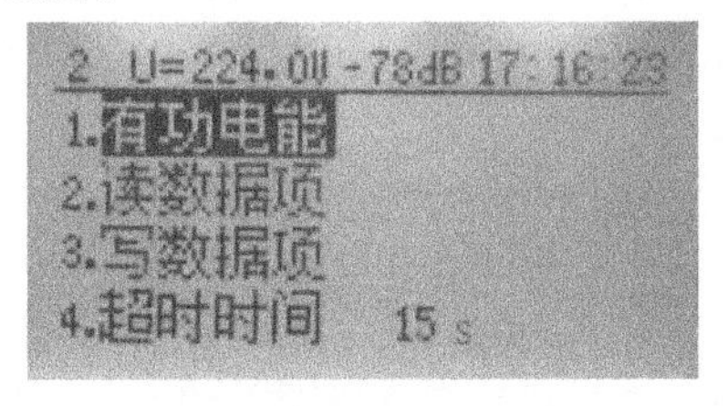

图 2-104

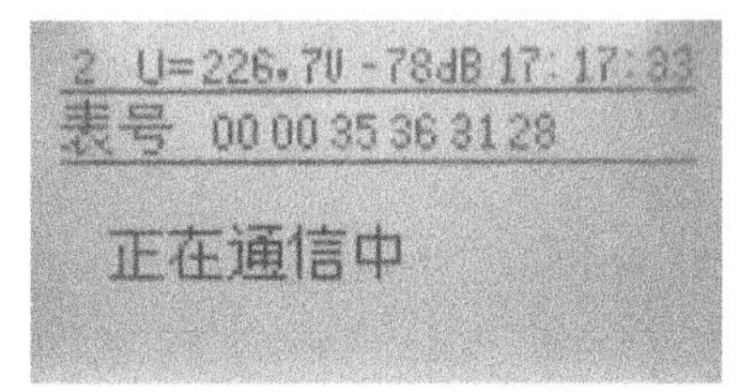

图 2-105

5.选择电网信息

如图 2-106 所示,监控电网的交流电压有效值、监控电网的干扰噪声、监控电力线数据包的信号强度、监控通信地址。

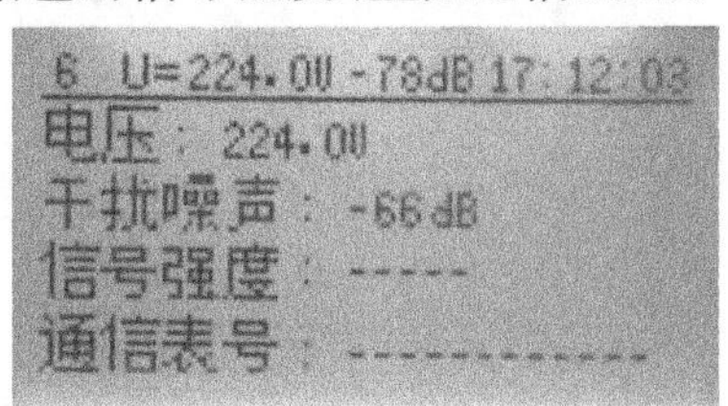

图 2-106

2.13.2.3　使用注意事项

(1)现场设备取电时红色接线孔接 L 线,黑色接线孔接 N 线。

(2)现场接线必须牢固。

2.14　用电信息采集调试流程

用电信息采集调试流程如图 2-107 所示。

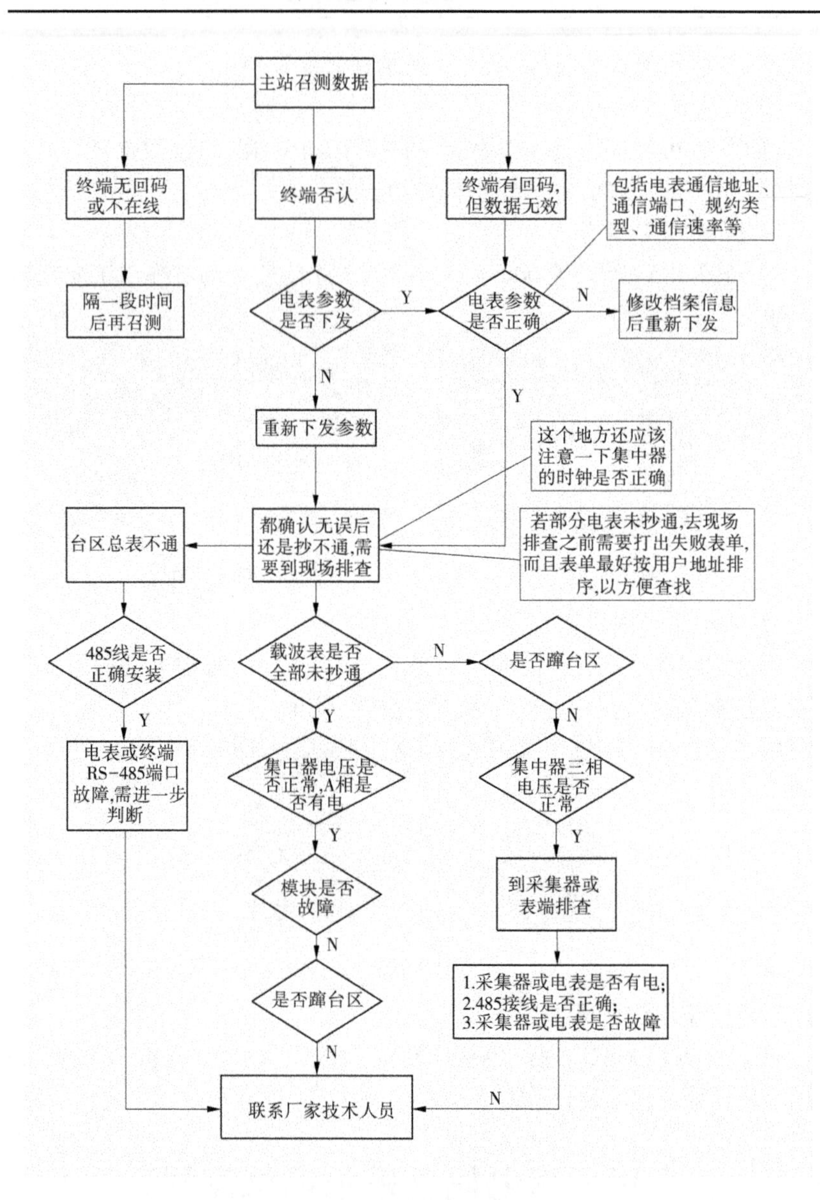
主站召测数据
终端无回码或不在线
终端否认
终端有回码,但数据无效
包括电表通信地址、通信端口、规约类型、通信速率等
隔一段时间后再召测
电表参数是否下发
Y
电表参数是否正确
N
修改档案信息后重新下发
N
Y
重新下发参数
这个地方还应该注意一下集中器的时钟是否正确
台区总表不通
都确认无误后还是抄不通,需要到现场排查
若部分电表未抄通,去现场排查之前需要打出失败表单,而且表单最好按用户地址排序,以方便查找
485线是否正确安装
载波表是否全部未抄通
N
是否蹿台区
Y
Y
N
电表或终端RS-485端口故障,需进一步判断
集中器电压是否正常,A相是否有电
集中器三相电压是否正常
Y
Y
模块是否故障
到采集器或表端排查
N
是否蹿台区
1.采集器或电表是否有电;
2.485接线是否正确;
3.采集器或电表是否故障
N
N
联系厂家技术人员

图 2-107

附:用电信息采集调试分类分析(见表 2-3)。

表 2-3

问题	现象	原因
集中器不上线	集中器上所有电源指示灯均不亮	集中器未上电: 1.电源线未供电; 2.集中器故障
	GPRS 模块电源指示灯不亮	GPRS 模块未上电: 1.GPRS 模块未安装到位; 2.GPRS 模块故障; 3.集中器故障
	无信号	1.SIM 卡损坏或欠费; 2.GPRS 模块故障
	信号弱	1.集中器所在位置信号弱; 2.GPRS 天线未接; 3.GPRS 天线损坏; 4.GPRS 模块故障
	信号强度、电源正常,“G”符号闪烁	通信参数设置错误: 1. 主站 IP 地址: 10. 230. 24. 28 或 10. 230.24.26 或 10.230.026.006; 2.通信端口:2028; 3.APN:DLCJ.HA 或 d1cj.ha
全未抄回	集中器上所有电源指示灯均不亮	集中器未上电: 1.电源线未供电; 2.集中器故障
	下行模块电源指示灯不亮	下行模块未上电: 1.下行模块未安装到位; 2.下行模块故障; 3.集中器故障

续表 2-3

问题	现象	原因
全未抄回	现场集中器不抄表: ①各电源指示灯正常; ②下行模块 T/R 灯与三相载波发送指示灯均不闪烁	1.台区档案未下发到集中器; 2.集中器时间错误,召测确认,进行校时; 3.集中器或下行模块故障
	现场集中器正在抄表: ①各电源指示灯正常; ②下行模块 T/R 灯与三相载波发送指示灯均正常闪烁	1.台区档案错误; 2.档案电表参数设置错误:表地址、表端口号、规约类型; 3.集中器或下行模块故障
部分未抄回	现场集中器抄表已完成,不再抄表: ①各电源指示灯均正常; ②下行模块 T/R 灯与三相载波发送指示灯均不闪烁	1.集中器内档案不完整,需要核对档案; 2.主站下发时部分档案丢失
	现场集中器正在抄表: ①各电源指示灯均正常; ②下行模块 T/R 灯与三相载波发送指示灯均正常闪烁	1.部分档案错误:台区划分错误或有迁移; 2.部分电表参数设置错误; 3.现场电表问题: ①现场电表表号与档案不一致; ②电表未上电、故障、表内载波模块故障; 4.集中器或下行模块故障

第3章　电力物联信息应用

3.1　基础信息应用

3.1.1　用户电量查询

通过选择用户对象对采集的电量数据进行查询,按照单位、台区、群组、用户等多维度查看用户电量数据。

查询路径:选择【业务应用】→【电量分析】→【用户电量查询】,选择供电单位、数据日期、用户名称、电量类型、统计口径、用户类型,点击【查询】,显示用户用电地址、日期、电量类型、总电量、尖电量、峰电量、平电量、谷电量等信息,如图3-1所示。

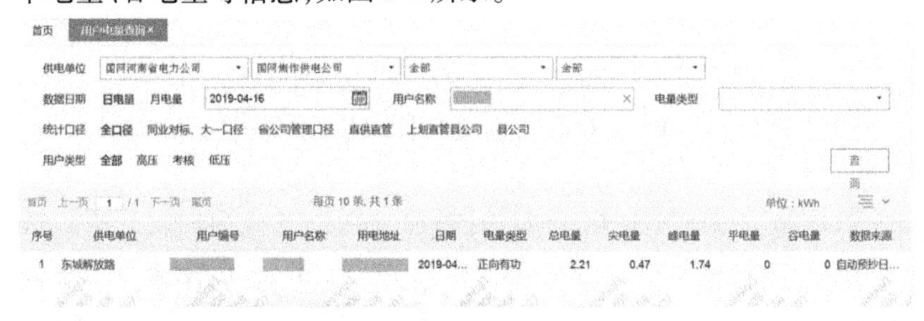

图3-1

3.1.2　时段用电分析

通过选择供电单位及用户类型对采集的电量数据进行查询,按单位、行业统计每月用户尖、峰、平、谷各时段用电的占比情况。

查询路径:选择【业务应用】→【电量分析】→【时段用电分析】,选择供电单位、统计月份、用户类型、统计口径、统计类型,点击【查询】,

显示费率电量占比扇形图和数据,如图 3-2 所示。

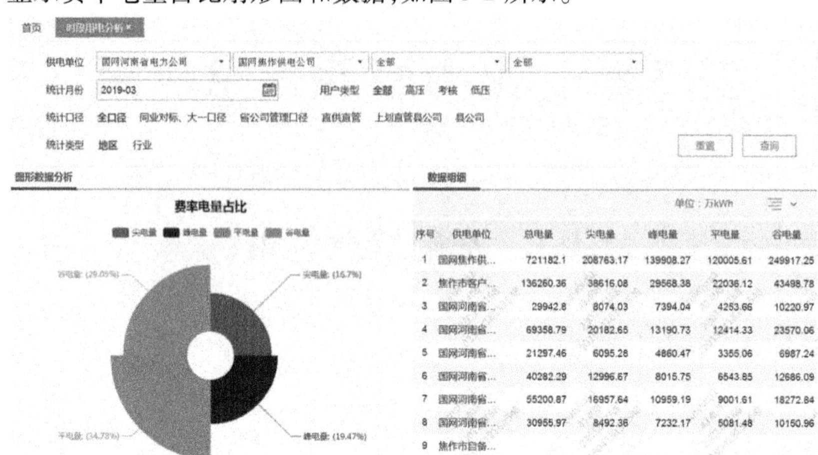

序号	供电单位	总电量	尖电量	峰电量	平电量	谷电量
1	国网焦作供...	721182.1	208763.17	139908.27	120005.61	249917.25
2	焦作市客户...	136260.36	38616.08	29568.38	22036.12	43498.78
3	国网河南省...	29942.8	8074.03	7394.04	4253.66	10220.97
4	国网河南省...	69358.79	20182.65	13190.73	12414.33	23570.06
5	国网河南省...	21297.46	6095.28	4860.47	3355.06	6987.24
6	国网河南省...	40282.29	12996.67	8015.75	6543.85	12686.09
7	国网河南省...	55200.87	16957.64	10959.19	9001.61	18272.84
8	国网河南省...	30955.97	8492.36	7232.17	5081.48	10150.96
9	焦作市自备...					

图 3-2

3.2 台区用电监控应用

3.2.1 用电负荷监控

通过选择供电单位、对象信息、数据日期对采集的负荷数据进行查询,展示用户的负荷特性。

查询路径:选择【业务查询】→【负荷分析】→【负荷曲线分析】,选择供电单位、数据日期、对象信息、统计口径,点击 查询 ,查询结果如图 3-3 所示。

点击用户编号链接即可跳转到对应的负荷曲线页面,查看该用户明细的曲线信息,如图 3-4 所示。

3.2.2 设备事件监控

3.2.2.1 电表事件监控

电表事件信息反映了电表的运行状态及用户用电的情况,电表失压、失流、断相、开表盖等事件可帮助判定用户是否存在窃电可能;电表

图3-3

图3-4

时钟故障、欠压等事件可帮助确定电表良好与否；电表停电、跳闸、合闸等事件可帮助确定电表停上电信息。

通过供电单位、事件时间、事件类型、采集点编号、采集点名称、电表资产号、用户编号、用户名称等条件进行电表全事件查询、查看的功能操作。

查询路径：选择【统计查询】→【采集数据查询】→【电表全事件查询】，根据供电单位、事件日期、事件类型进行搜索，可查看电表全事件明细，如图3-5所示。

首页　电表全事件查询×

供电单位　国网河南省电力公司　国网焦作供电公司　焦作市客户服务中心　全部

事件日期　2019-04-24 - 2019-04-24　事件类型　开表盖　电表资产号

对象信息　右侧导航选择采集点/用户/群组/台区　重置　查询

首页　上一页　1　/42　下一页　尾页　每页 10 条，共 413 条

序号	供电单位	用户编号	用户名称	电表资产号	事件类型	正向有功总电能	反向有功总电能	发生前第一象限无功总电能
1	人民			413000100000...	开表盖	1097.47	0	0
2	人民			413000100000...	开表盖	1097.47	0	0
3	人民			413000100000...	开表盖	1097.47	0	0
4	人民			413000100000...	开表盖	1097.48	0	0
5	阳庙			413000100000...	开表盖	9943.96	0	13644.69
6	阳庙			413000100000...	开表盖	9943.96	0	13644.69

图 3-5

另外，可通过数据召测的方式对电表事件信息进行核查确认。

查询路径：选择【采集业务】→【数据采集管理】→【数据召测】，点击右侧 采集点 图标，选择对应采集点，以及电表事件信息列，勾选电表及所需事件，召测即可，如图 3-6 所示。

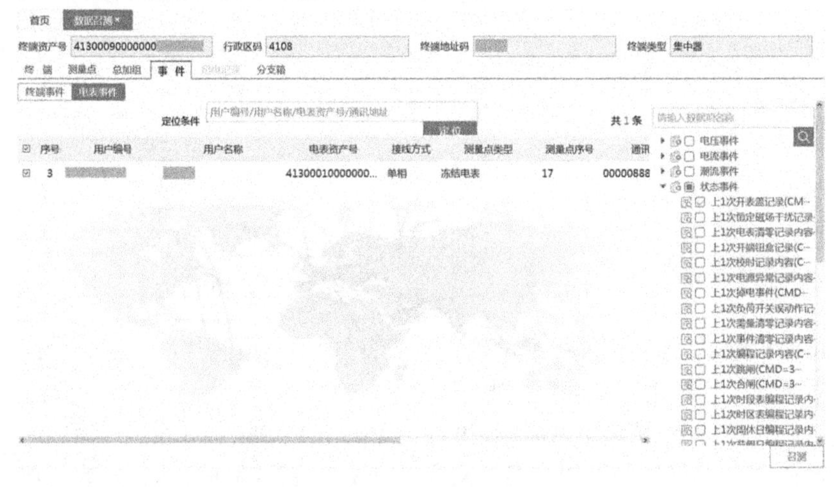

图 3-6

3.2.2.2　终端事件监控

终端事件信息反映了终端的运行状态及台区用电的情况，参数丢失、参数变更等事件可帮助判定台区电表参数信息变化情况；终端故障记录、终端电池失效等事件可帮助确定终端良好与否；状态量变更事件

可帮助确定终端运行状态信息。

通过供电单位、事件时间、重要标志、事件类型、事件状态等条件进行事件查询的功能操作。

查询路径：选择【统计查询】→【采集数据查询】→【事件记录查询】，可根据供电单位、事件日期、重要标志条件进行事件查询，如图 3-7 所示。

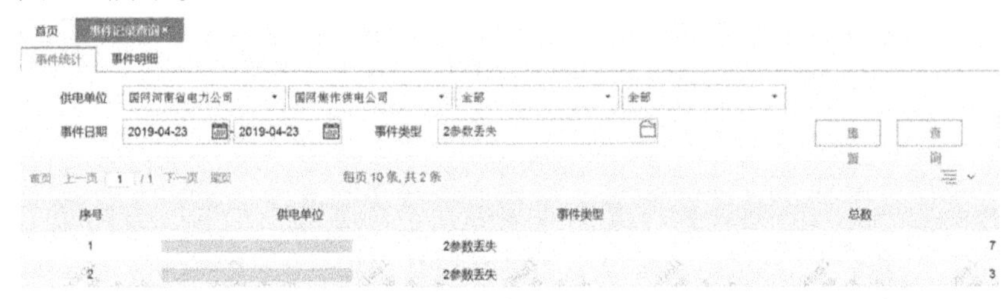

图 3-7

点击【事件明细】，可查询终端具体事件信息，如图 3-8 所示。

首页　事件记录查询

事件统计　事件明细

供电单位　国网河南省电力公司　国网焦作供电公司　全部　全部

事件日期　2019-04-23　2019-04-23　事件类型　2参数丢失　终端地址码

采集点编号　采集点名称　重置　查询

首页　上一页　1　/1　下一页　尾页　每页 10 条，共 10 条

序号	供电单位	采集点编号	采集点名称	终端地址码	事件类型	入库时间	事件标识	终端参数丢失	测量点参数丢失
1	城关供电所	[illegible]	[illegible]	[illegible]	2参数丢失	2019-04-23 00:...	190423000029...	1	1
2	龙源供电所	[illegible]	[illegible]	[illegible]	2参数丢失	2019-04-23 00:...	190423000029...	1	1
3	詹店供电所	[illegible]	[illegible]	[illegible]	2参数丢失	2019-04-23 00:...	190423000032...	1	1
4	城关供电所	[illegible]	[illegible]	[illegible]	2参数丢失	2019-04-23 00:...	190423000037...	1	1

图 3-8

另外，可通过数据召测的方式对终端事件信息进行核查确认。

查询路径：选择【采集业务】→【数据采集管理】→【数据召测】，点击右侧 采集点 图标，选择对应采集点，选择终端事件信息列，选择不同方式进行召测终端事件信息，如图 3-9 所示。

图 3-9

3.3　费控应用

费控流程是从 SG186 系统发起的，SG186 系统在进行电费测算后可发起费控工单，此工单发到采集系统后，由采集系统进行相应的费控指令操作，不同地区的具体执行方式可能会存在差异，但大体流程是相似的。

采集系统收到执行工单开始进行费控操作，具体流程如图 3-10 所示（低压）。

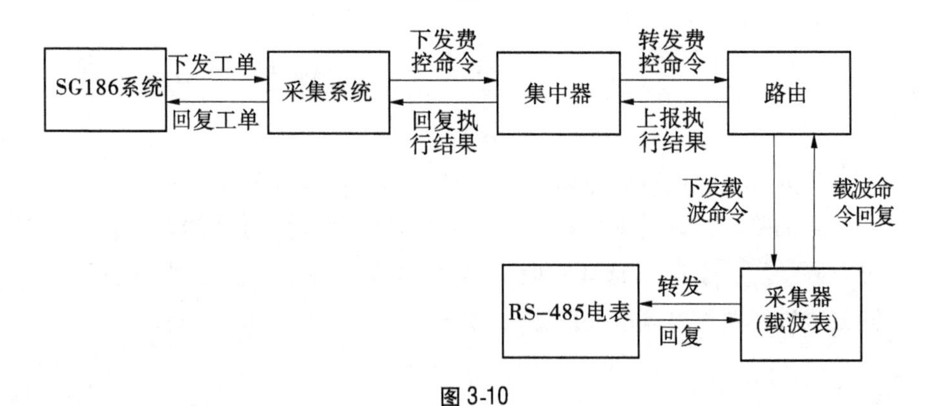

图 3-10

3.3.1 费控执行成功率查询

查询路径:选择【业务应用】→【费控管理】→【费控执行成功率】,根据供电单位、工单日期、控制类型、用户类型等条件进行查询费控工单执行的汇总信息,如图 3-11 所示。

首页 费控执行成功率 ×

费控情况统计 费控情况明细

供电单位 国网河南省电力公司 国网焦作供电公司 焦作市客户服务中心 全部

工单日期 2019-04-24 - 2019-04-24 控制类型 全部 用户类型 低压

是否低压三相 全部 重置 查询

首页 上一页 1 /3 下一页 尾页 每页 10 条,共 28 条 单位:%

序号	供电单位	工单总数	执行成功工单数	回录成功工单数	执行失败工单数	费控执行成功率	除去回录执行成功率
1	客户中心	900	894	0	6	99.33	99.33
2	中心直供	0	0	0	0	0	0
3	中心解放	52	52	0	0	100	100
4	中心民主	35	35	0	0	100	100
5	太行东所	49	47	0	2	95.92	95.92
6	太行西所	41	41	0	0	100	100

图 3-11

点击深色字体跳转至对应的费控情况明细页面中,如图 3-12 所示。

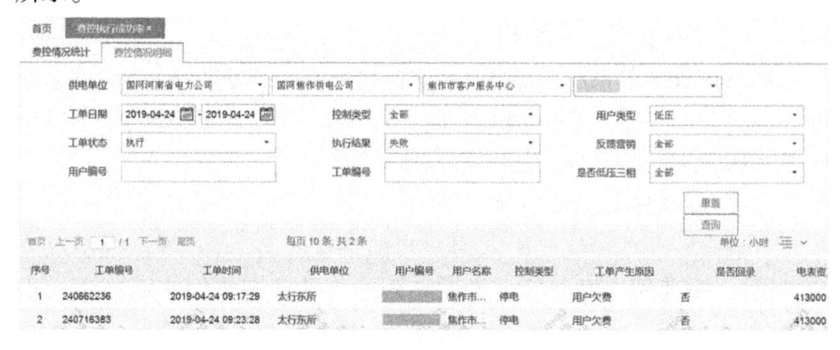
首页 费控执行成功率 ×

费控情况统计 费控情况明细

供电单位 国网河南省电力公司 国网焦作供电公司 焦作市客户服务中心

工单日期 2019-04-24 - 2019-04-24 控制类型 全部 用户类型 低压

工单状态 执行 执行结果 失败 反馈营销 全部

用户编号 工单编号 是否低压三相 全部

重置 查询

首页 上一页 1 /1 下一页 尾页 每页 10 条,共 2 条 单位:小时

序号	工单编号	工单时间	供电单位	用户编号	用户名称	控制类型	工单产生原因	是否回录	电表资
1	240862236	2019-04-24 09:17:29	太行东所		焦作市...	停电	用户欠费	否	413000
2	240716383	2019-04-24 09:23:28	太行东所		焦作市...	停电	用户欠费	否	413000

图 3-12

3.3.2 低压失败工单手工处理

选择【业务应用】→【费控管理】→【费控执行】→【低压失败工单手工处理】,进入“手工处理”页面,选择供电单位、控制对象、控制类

型、工单时间、用户编号、工单状态、执行结果、失败原因等,点击查询,查询结果如图 3-13 所示。

图 3-13

3.3.2.1　复电失败工单处理

复电失败工单系统可选择“立即执行”,如“立即执行”失败可选择进行“反向执行”进行尝试处理。对于系统执行不成功的,通过掌机到现场处理,工单会自动派发到台区对应的掌机上。

3.3.2.2　停电失败工单处理

停电失败工单需优先确认用户当前余额状态后,方可执行系统或掌机操作,避免用户缴费后由于系统延时导致状态未同步而产生错误操作。

用户测算余额查询路径:营销系统【电费收缴及营销账务管理】→【辅助管理】→【功能】→【收费综合查询】,如图 3-14 所示。

3.3.2.3　停复电失败工单转派

如遇到系统派发掌机无法使用的情况,可使用工单转派功能,转派至可用掌机。

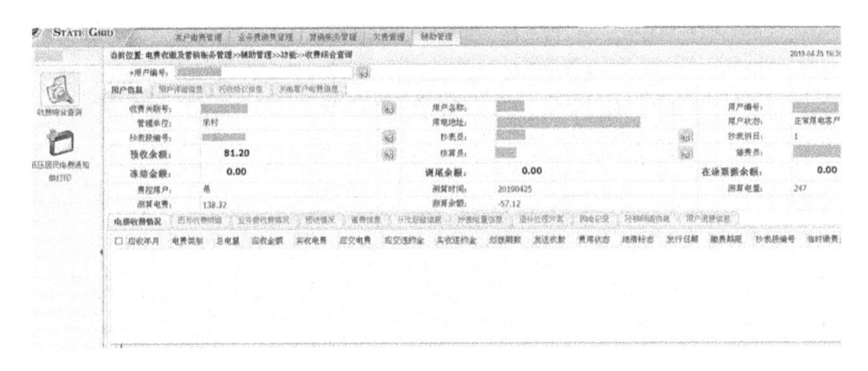

图 3-14

转派路径:闭环系统【现场应用】→【现场业务管理】→【现场停复电】→【现场停复电已办】,如图 3-15 所示。

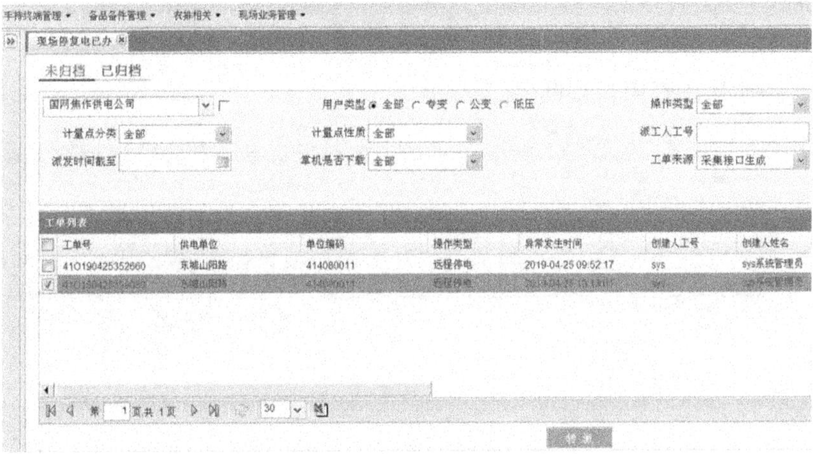

图 3-15

选中工单,点击【转派】,选择执行掌机对象,点击【派工】即可,如图 3-16 所示。

3.3.2.4　复电失败工单手工录入

如遇到现场电表已经复电,但闭环仍存在此工单情况,可使用“手工录入结果”功能,归档工单。

录入路径:闭环系统【现场应用】→【现场业务管理】→【现场停复

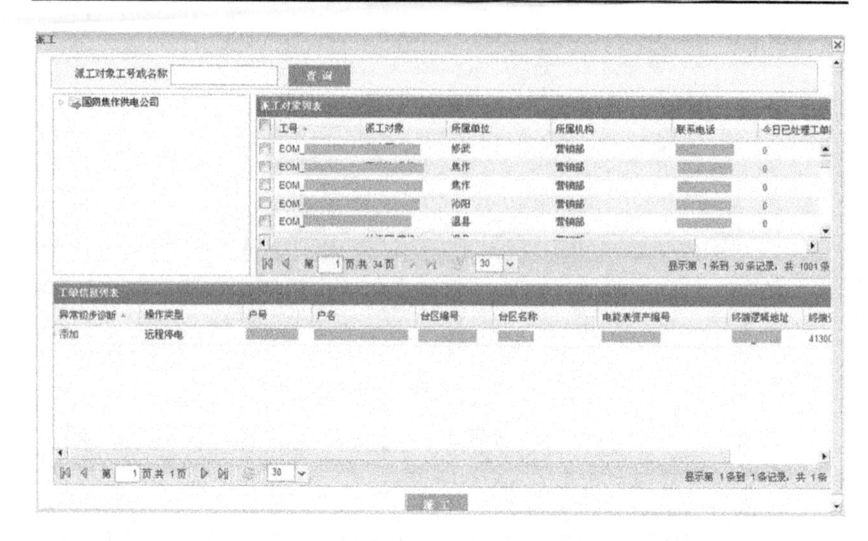

图 3-16

电】→【任务查询】,如图 3-17 所示。

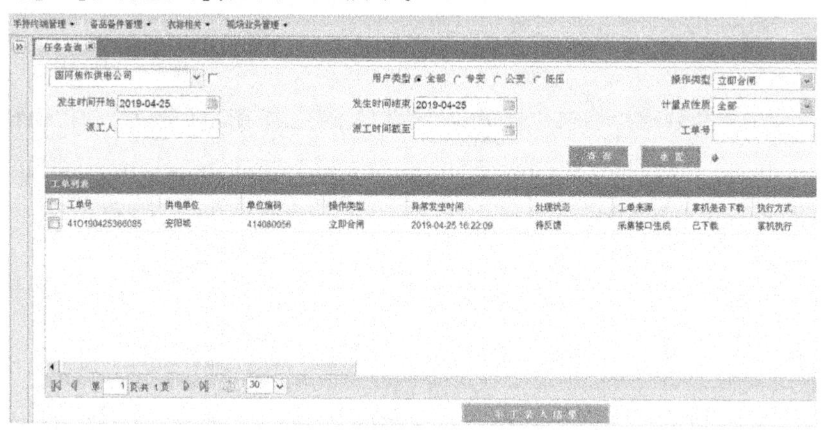

图 3-17

选中工单,点击【手工录入结果】即完成状态更正,工单归档。(此操作仅限于复电工单)

3.3.3 费控执行指令失败,返回信息说明

(1)645 报文为空。

解释:终端返回的透传报文中缺失电表的 645 规约报文。

产生原因:终端返回时丢失或无法得到电表返回信息。

(2)ESAM 验证失败。

解释:电表在出厂时密钥下装不正确或未下装密钥。

产生原因:电表密钥下装不合格。

(3)电能表返回失败。

解释:电能表返回的信息不合规约。

产生原因:电能表在制造时编程错误等。

(4)加密机读取失败。

解释:电表在密钥认证时返回的报文不正确。

产生原因:密钥下装错误或硬件编程错误等。

(5)通信超时。

解释:终端与主站之间通信超时。

产生原因:通信信号不好或 SIM 卡出问题等。

(6)终端有回码但数据无效。

解释:终端返回给主站的信息是无效信息。

产生原因:终端或电能表返回的信息不合规约,可能为终端或电表硬件编程错误。

3.3.4 费控时间节点

(1)预警短信发送时间。

停电预警与停电短信:当营销算费模块经过算费发现费控用户欠费时,产生预警短信,由营销系统短信平台向用户发送预警短信,用户成功接收预警短信后 7 天(居民用户默认 7 天,专变用户默认 5 天,各单位也可以根据需要设置)内还没有交费,则向用户发送停电短信,用户收到停电短信 30 min 内仍没有交费,系统发送停电工单,实施停电。

复电短信:实时产生,实时执行(如果用户是安全复电,则需要用

户回复短信确认)。

(2)营销推送用电信息采集工单时间。

停电:07:00~15:00 。

复电:测算电费后实时推送(24 h 实时推送)。

(3)用电信息采集系统工单有效执行时间。

停电工单系统执行时间:07:00~15:30。

停电工单现场采集运维现场作业终端执行时间:07:00~18:00。

复电工单自动、远程、人工执行:工单产生 24 h 内。

(4)用电信息采集系统执行失败工单推送至采集运维闭环管理系统时间。

停电:第一批,09:00~10:00;第二批,14:00~15:00。

复电工单用电信息采集执行失败后实时推送(24 h 实时推送)。

(5)采集运维闭环管理系统工单处理有效时间。

停电:09:00~18:00。

复电:工单产生 24 h 内。

(6)不计入考核工单。

①15:30 后用电信息采集系统还未执行的停电工单;

②停电工单执行失败但用户在 18:00 前交费,营销通知用户交费标记取消;

③历史停电从未成功过的电能表相关联的工单(已经开发完成)。

特别说明:工作人员尽量在 17:30 前完成催交。由于用户交费后营销系统有计算延迟,可能会导致接近 18:00 交费的停电失败用户工单不能被标记取消。

3.4 线损应用

线损水平的高低直接关乎公司的经济效益,是售电侧盈亏的重要因素之一。多年来,线损管理一直是公司各项工作的重点和难点。随着采集系统的日臻完善,线损管理工作有了数据的指导,现有的采集主站系统能提供一系列线损指标数据。主站线损分析作为一项新技术,必然给管理人员，尤其是基层工作人员带来管理层面、技术层面的难题，新思路、新技术的双重跨越式发展同样对线损治理工作给予了更加科学的指导。

3.4.1　台区线损查询

选择【业务应用】→【台区线损】→【线损分析】→【考核单元台区线损分析】，选择供电单位、统计周期、线损类型，点击【查询】，即可查询本单位相应线损类型台区明细，如图 3-18 所示。

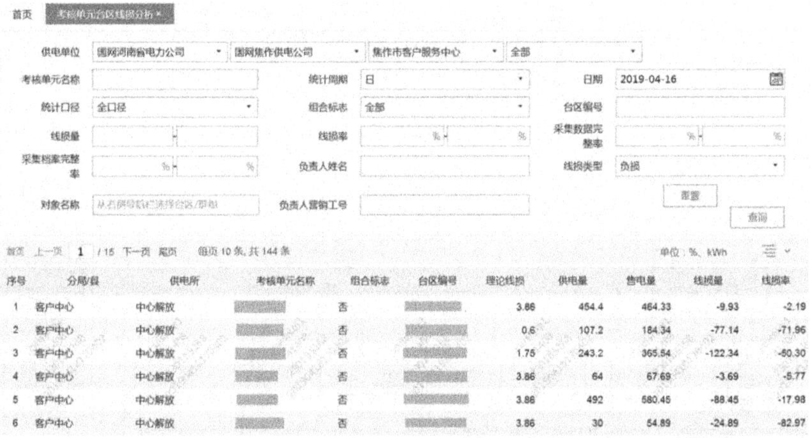

首页　考核单元台区线损分析 ×

供电单位　国网河南省电力公司　国网焦作供电公司　焦作市客户服务中心　全部

考核单元名称　统计周期　日　日期　2019-04-16

统计口径　全口径　组合标志　全部　台区编号

线损量　线损率　%　%　采集数据完整率　%　%

采集档案完整率　%　%　负责人姓名　线损类型　负损

对象名称　从右侧导航栏选择台区/班组　负责人营销工号　重置　查询

首页　上一页　1　/ 15　下一页　尾页　每页 10 条，共 144 条　单位：%、kWh

序号	分局/县	供电所	考核单元名称	组合标志	台区编号	理论线损	供电量	售电量	线损量	线损率
1	客户中心	中心解放		否		3.86	454.4	464.33	-9.93	-2.19
2	客户中心	中心解放		否		0.6	107.2	184.34	-77.14	-71.96
3	客户中心	中心解放		否		1.75	243.2	365.54	-122.34	-50.30
4	客户中心	中心解放		否		3.86	64	67.69	-3.69	-5.77
5	客户中心	中心解放		否		3.86	492	580.45	-88.45	-17.98
6	客户中心	中心解放		否		3.86	30	54.89	-24.89	-82.97

图 3-18

查询月负损台区情况，将【统计周期】改为“月”即可，如图 3-19 所示。

台区线损查询流程如图 3-20 所示。

3.4.2　台区负线损分析

台区负线损的常见现象如图 3-21 所示。

3.4.2.1　考核表异常分析

1. 电压电流异常

选择【统计查询】→【采集数据查询】→【基础数据查询】，根据考核表电表资产号、数据日期进行查询，点击【查询】，显示下列电表连续

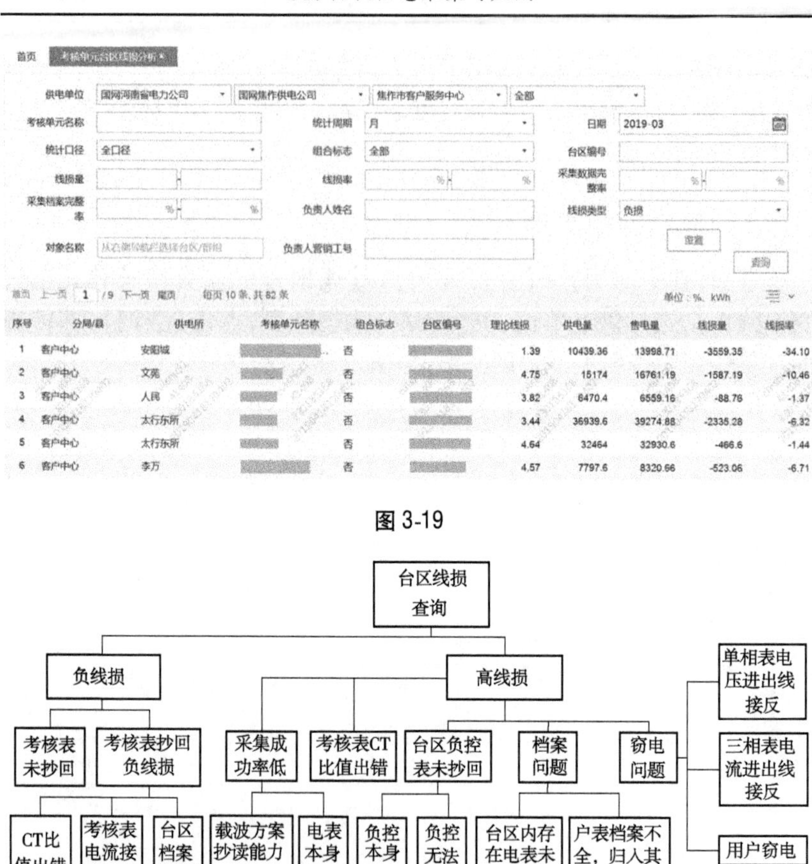

序号	分局/县	供电所	考核单元名称	组合标志	台区编号	理论线损	供电量	售电量	线损量	线损率
1	客户中心	安阳城		否		1.39	10439.36	13998.71	-3559.35	-34.10
2	客户中心	文苑		否		4.75	15174	16761.19	-1587.19	-10.46
3	客户中心	人民		否		3.82	6470.4	6559.16	-88.76	-1.37
4	客户中心	太行东所		否		3.44	36939.6	39274.88	-2335.28	-6.32
5	客户中心	太行东所		否		4.64	32464	32930.6	-466.6	-1.44
6	客户中心	李万		否		4.57	7797.6	8320.66	-523.06	-6.71

图 3-19

图 3-20

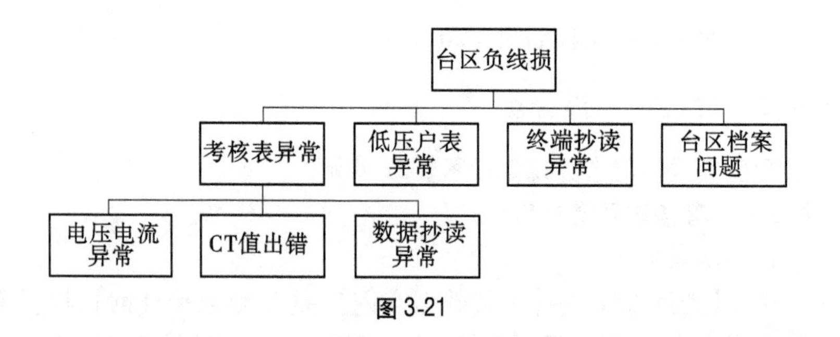

图 3-21

几日数据，如图 3-22 所示。

首页　基础数据查询

供电单位　国网河南省电力公司　国网焦作供电公司　全部　全部

数据日期　2019-04-15 - 2019-04-17　对象名称　抄表段编号

电表资产号　4130001000000　数据状态　全部　用户大类

抄表方式　全部　是否0示数　全部　□显示详情　重置　查询

说明：跨日查询必须输入查询条件'对象名称'、'抄表段编号'、'电表资产号'其中一个

首页　上一页　1 /1　下一页　尾页　每页 10 条，共 3 条　单位：kWh、kW

序号	供电单位	用户编号	用户名称	用户地址	电表资产号	数据日期	数据状态	抄表方式
1	东城解放路	900...	...	...	413000100000...	2019-04-15	正常	自动预抄日冻结
2	东城解放路	900...	...	...杆	413000100000...	2019-04-16	正常	自动预抄日冻结
3	东城解放路	900...	...	...	413000100000...	2019-04-17	正常	自动预抄日冻结

图 3-22

点击列表栏中的电表资产号，可根据条件查询，查看曲线数据中的电流、电压、功率、功率因数、示值，如图 3-23 所示。

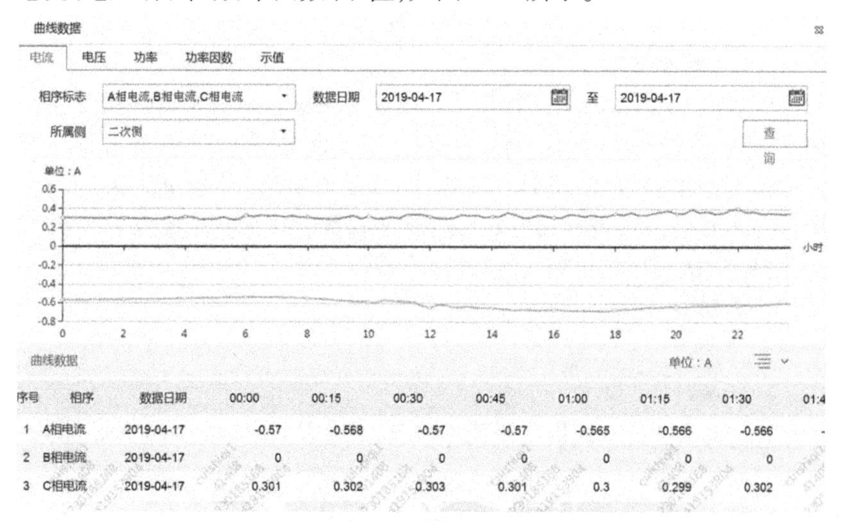

序号	相序	数据日期	00:00	00:15	00:30	00:45	01:00	01:15	01:30
1	A相电流	2019-04-17	-0.57	-0.568	-0.57	-0.57	-0.565	-0.566	-0.566
2	B相电流	2019-04-17	0	0	0	0	0	0	0
3	C相电流	2019-04-17	0.301	0.302	0.303	0.301	0.3	0.299	0.302

图 3-23

图 3-23 中，考核表 A 相电流一直为负数，B 相电流一直为 0，存在异常，需现场核实确定。

如图 3-24 所示，考核表三相电压曲线无异常。

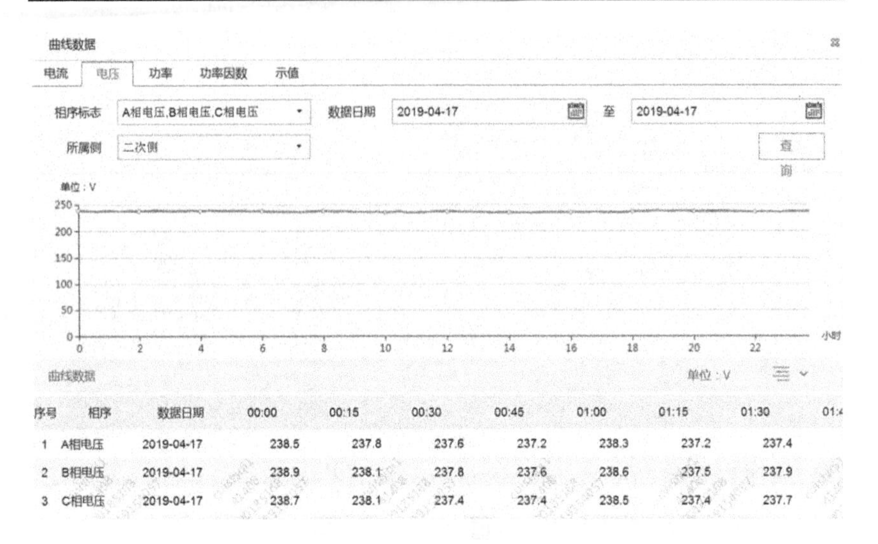

序号	相序	数据日期	00:00	00:15	00:30	00:45	01:00	01:15	01:30
1	A相电压	2019-04-17	238.5	237.8	237.6	237.2	238.3	237.2	237.4
2	B相电压	2019-04-17	238.9	238.1	237.8	237.6	238.6	237.5	237.9
3	C相电压	2019-04-17	238.7	238.1	237.4	237.4	238.5	237.4	237.7

图 3-24

2. CT 值出错

考核表互感器综合倍率需保证现场与营销系统及电采系统保持一致，如营销系统与现场不一致，需进行修正调整；如 CT 值电采系统与营销系统中不一致，需进行“档案同步”操作流程，保持电采系统与营销系统档案的一致性。可在【基础数据查询】中查看考核表 CT 值，如图 3-25 所示。

首页 基础数据查询
供电单位 国网河南省电力公司 国网焦作供电公司 全部 全部
数据日期 2019-04-15 - 2019-04-17 对象名称 抄表段编号
电表资产号 413000 数据状态 全部 用户大类
抄表方式 全部 是否0示数 全部 显示详情 重置 查询
说明：跨日查询必须输入查询条件'对象名称'、'抄表段编号'、'电表资产号'其中一个
首页 上一页 1 /1 下一页 尾页 每页 10 条, 共 3 条 单位：kWh、kW

计量点状态	台区编号	台区名称	线路编号	线路名称	电表条形码	电表通信地址	测量点号	综合倍率	CT	PT
在用								100	100	1
在用								100	100	1
在用								100	100	1

图 3-25

3. 数据抄读异常

考核表出现连续两日或多日总示值不变，导致供电量为 0 的情况。此情况多是电表时钟错误导致数据抄读异常所致，如图 3-26 所示。

首页　基础数据查询 ×

供电单位　国网河南省电力公司　国网焦作供电公司　全部　全部

数据日期　2019-04-15 - 2019-04-18　对象名称　抄表段编号

电表资产号　4130001000000　数据状态　全部　用户大类

抄表方式　全部　是否0示数　全部　□ 显示详情　重置　查询

说明：跨日查询必须输入查询条件'对象名称'、'抄表段编号'、'电表资产号'其中一个

首页　上一页　1　/1　下一页　尾页　每页 10 条，共 4 条　单位：kWh、kW

用户地址	电表资产号	数据日期	数据状态	抄表方式	正向有功 总	尖	峰	平
村内	413000100000...	2019-04-15	正常	自动预抄日冻结	577.42	145.43	123	199.43
村内	413000100000...	2019-04-16	正常	自动预抄日冻结	582.11	146.7	123.92	200.95
村内	413000100000...	2019-04-17	正常	自动预抄日冻结	582.11	146.7	123.92	200.95
村内	413000100000...	2019-04-18	正常	自动预抄日冻结	587.07	147.95	125.06	202.39

图 3-26

选择【采集业务】→【时钟管理】→【电表对时】→【电表时钟明细】，输入考核表电表资产号，点击【查询】，如图 3-27 所示。

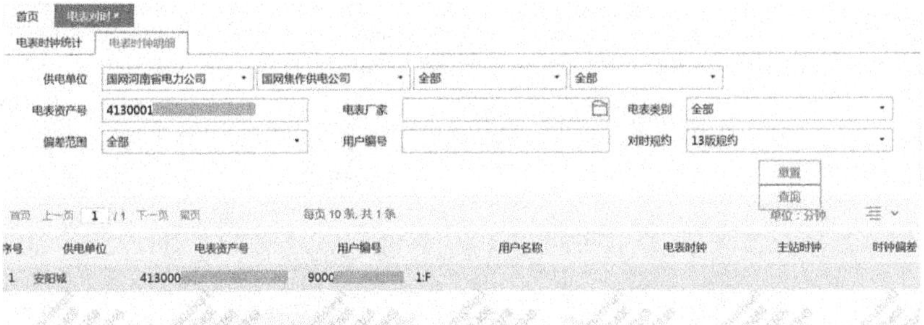

首页　电表对时 ×

电表时钟统计　电表时钟明细

供电单位　国网河南省电力公司　国网焦作供电公司　全部　全部

电表资产号　4130001　电表厂家　电表类别　全部

偏差范围　全部　用户编号　对时规约　13版规约

重置　查询

首页　上一页　1　/1　下一页　尾页　每页 10 条，共 1 条　单位：分钟

序号	供电单位	电表资产号	用户编号	用户名称	电表时钟	主站时钟	时钟偏差
1	安阳城	413000	9000	1:F			

图 3-27

如查询到电表时钟数据，可选择【召测时钟】进行召测，召测结果如图 3-28 所示。

对比发现电表时钟时间慢于主站系统时间 3 min，导致终端抄表时出错。此种情况可在同一界面选择系统【下发时钟】操作，如图 3-29 所示。

考核表抄读日冻结数据错误，每日数据实际为前一日数据。此情况多是电表时钟错误或终端抄读有误导致。

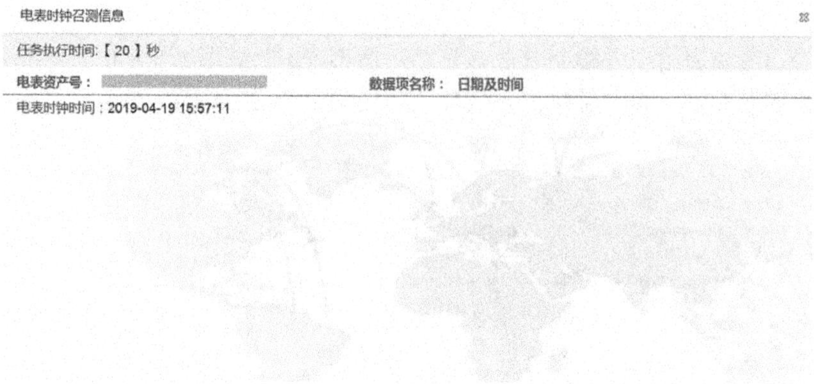

电表时钟召测信息

任务执行时间:【20】秒

电表资产号：　　数据项名称：　日期及时间

电表时钟时间：2019-04-19 15:57:11

图 3-28

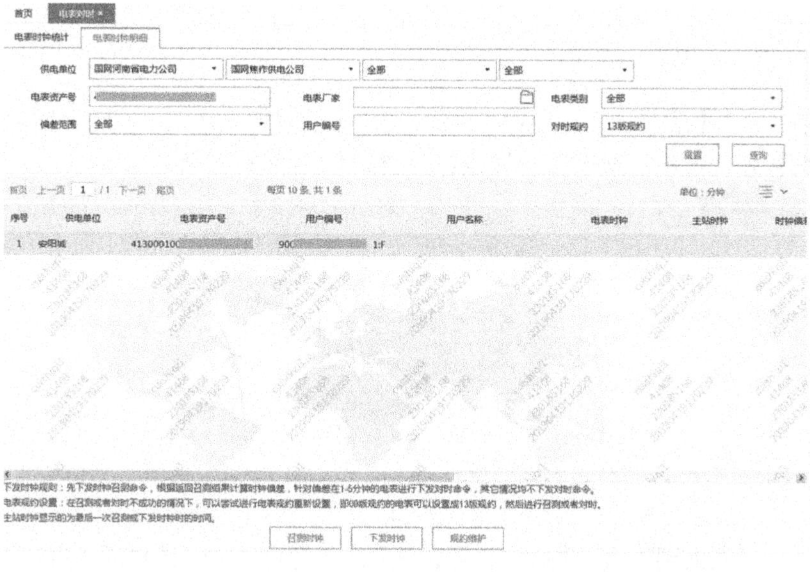

首页　电表对时 ×

电表时钟统计　电表时钟明细

供电单位　国网河南省电力公司　国网焦作供电公司　全部　全部

电表资产号　　电表厂家　　电表类别　全部

偏差范围　全部　用户编号　　对时规约　13版规约

重置　查询

首页　上一页　1　/1　下一页　尾页　每页 10 条, 共 1 条　单位：分钟

序号	供电单位	电表资产号	用户编号	用户名称	电表时钟	主站时钟	时钟偏
1	安阳城	413000100	900	1:f			

下发时钟规则：先下发时钟召测命令，根据返回召测结果计算时钟偏差，针对偏差在1-5分钟的电表进行下发对时命令，其它情况均不下发对时命令。

电表规约设置：在召测或者对时不成功的情况下，可以尝试进行电表规约重新设置，即09版规约的电表可以设置成13版规约，然后进行召测或者对时。

主站时钟显示的为最后一次召测或下发时钟时的时间。

召测时钟　下发时钟　规约维护

图 3-29

选择【采集业务】→【数据采集管理】→【数据召测】，点击右侧采集点图标，选择相应终端条件，查询、选择即可显示，随之页面将获取到从右侧所选的采集点，勾选台区考核表，选择【直抄】→【日冻结数据】，将数据与【基础数据查询】中数据进行对比，如数据保持一致，则

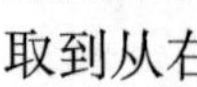

考核表抄读正常；若【数据召测】到的数大于【基础数据查询】中该日数据，则说明抄读异常。如图 3-30 所示，点击【直抄】→【日冻结数据】，正向有功电能示值为 5 834.4；前往【基础数据查询】界面中查询该日电表库存数据，如图 3-31 所示。

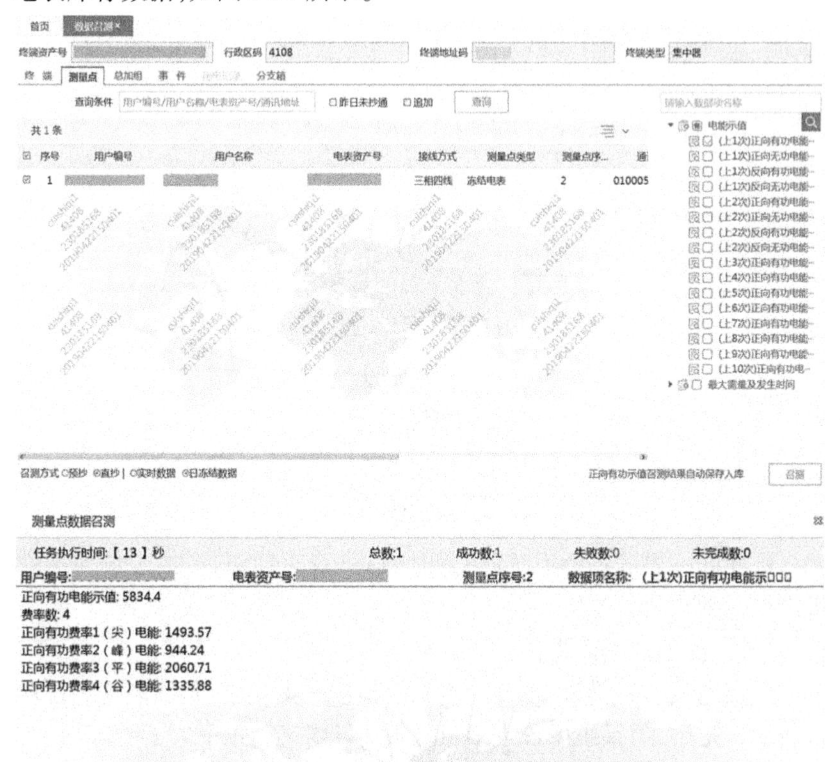

图 3-30

在【基础数据查询】界面中查询该日电表库存数据为 5 831.05。再次【直抄】→【日冻结数据】可发现此数实际为电表前一日日冻结数据。选择【采集业务】→【时钟管理】→【电表对时】→【电表时钟明细】，输入该考核表电表资产号，查询到电表时钟偏差 105.6 min（见图 3-32），导致抄表数据出错。

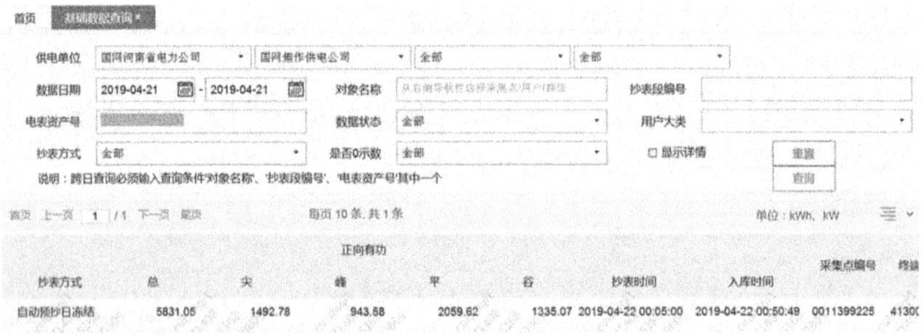

抄表方式	正向有功 总	尖	峰	平	谷	抄表时间	入库时间	采集点编号	终端
自动预抄日冻结	5831.05	1492.78	943.58	2059.62	1335.07	2019-04-22 00:05:00	2019-04-22 00:50:49	0011399225	4130

图 3-31

序号	供电单位	电表资产号	用户编号	用户名称	电表时钟	主站时钟	时钟偏差
1	中心解放				2019-04-22 13:26:17	2019-04-22 15:11:...	105.6 (国标)

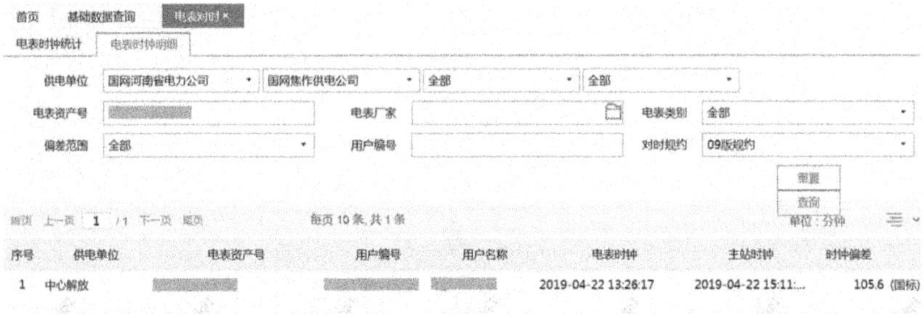

图 3-32

可在同一界面选择系统【下发时钟】进行时钟修正，或现场使用掌机进行时钟校对。

3.4.2.2　低压户表异常

户表电表时钟错误，也会导致系统抄读数据异常，具体表现为现场电表每日走字，但系统中该表多日数据为同一数，如图 3-33 所示。

3.4.2.3　终端抄读异常

终端（集中器）在正确抄读的情况下，数据日期若为【2019 - 04 - 22】，抄表时间应为【2019 - 04 - 23 ##:##:##】，如图 3-34 所示。

若终端故障或终端时钟存在异常，则存在抄表时间错误，如图 3-35 所示。

此种情况将导致系统中电表示数总比现场少一天。

解决办法 1：尝试对终端进行校时操作，观察校时成功后的电表数据。

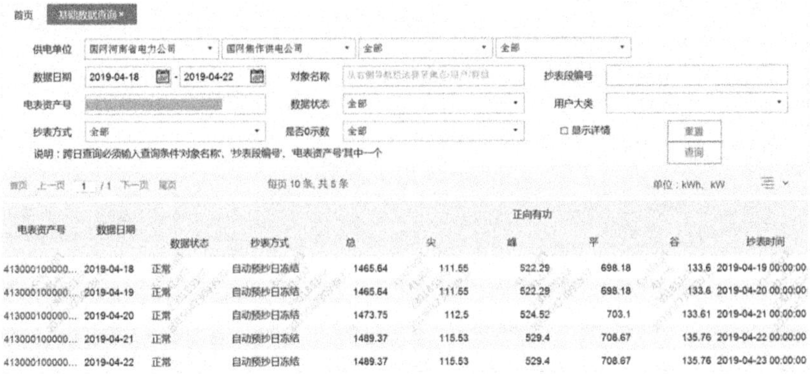

首页

供电单位　国网河南省电力公司　国网焦作供电公司　全部　全部

数据日期　2019-04-18 - 2019-04-22　对象名称　抄表段编号

电表资产号　数据状态　全部　用户大类

抄表方式　全部　是否0示数　全部　□显示详情　重置　查询

说明：跨日查询必须输入查询条件'对象名称'、'抄表段编号'、'电表资产号'其中一个

首页　上一页　1 /1　下一页　尾页　每页10条，共5条　单位：kWh、kW

电表资产号	数据日期	数据状态	抄表方式	正向有功 总	尖	峰	平	谷	抄表时间
413000100000...	2019-04-18	正常	自动预抄日冻结	1465.64	111.55	522.29	698.18	133.6	2019-04-19 00:00:00
413000100000...	2019-04-19	正常	自动预抄日冻结	1465.64	111.55	522.29	698.18	133.6	2019-04-20 00:00:00
413000100000...	2019-04-20	正常	自动预抄日冻结	1473.75	112.5	524.52	703.1	133.61	2019-04-21 00:00:00
413000100000...	2019-04-21	正常	自动预抄日冻结	1489.37	115.53	529.4	708.67	135.76	2019-04-22 00:00:00
413000100000...	2019-04-22	正常	自动预抄日冻结	1489.37	115.53	529.4	708.67	135.76	2019-04-23 00:00:00

图3-33

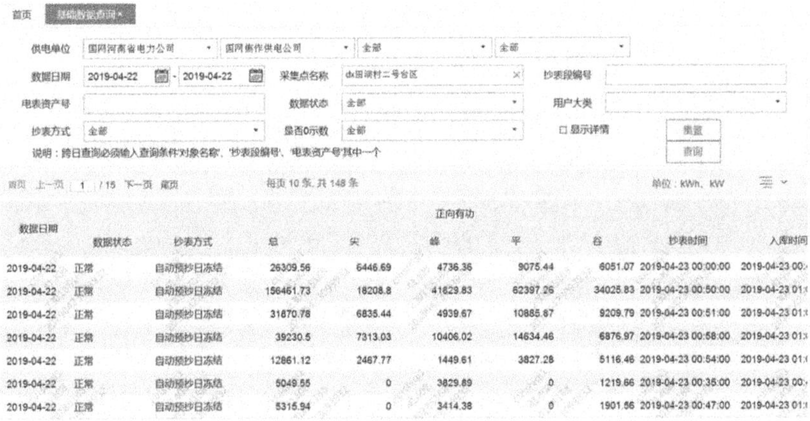

首页

供电单位　国网河南省电力公司　国网焦作供电公司　全部　全部

数据日期　2019-04-22 - 2019-04-22　采集点名称　dx田湖村二号台区　抄表段编号

电表资产号　数据状态　全部　用户大类

抄表方式　全部　是否0示数　全部　□显示详情　重置　查询

说明：跨日查询必须输入查询条件'对象名称'、'抄表段编号'、'电表资产号'其中一个

首页　上一页　1 /15　下一页　尾页　每页10条，共148条　单位：kWh、kW

数据日期	数据状态	抄表方式	正向有功 总	尖	峰	平	谷	抄表时间	入库时间
2019-04-22	正常	自动预抄日冻结	26309.56	6446.69	4736.36	9075.44	6051.07	2019-04-23 00:00:00	2019-04-23 00:
2019-04-22	正常	自动预抄日冻结	156461.73	18208.8	41829.83	62397.26	34025.83	2019-04-23 00:50:00	2019-04-23 01:
2019-04-22	正常	自动预抄日冻结	31870.78	6835.44	4939.67	10885.87	9209.79	2019-04-23 00:51:00	2019-04-23 01:
2019-04-22	正常	自动预抄日冻结	39230.5	7313.03	10406.02	14634.46	6876.97	2019-04-23 00:58:00	2019-04-23 01:
2019-04-22	正常	自动预抄日冻结	12861.12	2467.77	1449.61	3827.28	5116.46	2019-04-23 00:54:00	2019-04-23 01:
2019-04-22	正常	自动预抄日冻结	5049.55	0	3829.89	0	1219.66	2019-04-23 00:35:00	2019-04-23 00:
2019-04-22	正常	自动预抄日冻结	5315.94	0	3414.38	0	1901.56	2019-04-23 00:47:00	2019-04-23 01:

图3-34

解决办法2：若终端时钟正常，参数初始化后仍然存在抄读异常，需联系终端厂家升级或进行更换处理。

3.4.2.4　台区档案问题

台区档案准确且完整才能保证线损计算的准确性，如系统台账中存在非本台区电表误加入本台区，系统计算时将这部分电表电量计入台区售电量中，导致台区负损。电采系统中以下路径可辅助分析台区异常档案问题：选择【业务应用】→【同期线损】→【数据核查】→【采集点多台区核查】，选择供电单位、采集点编号和终端地址，点击【查询】，

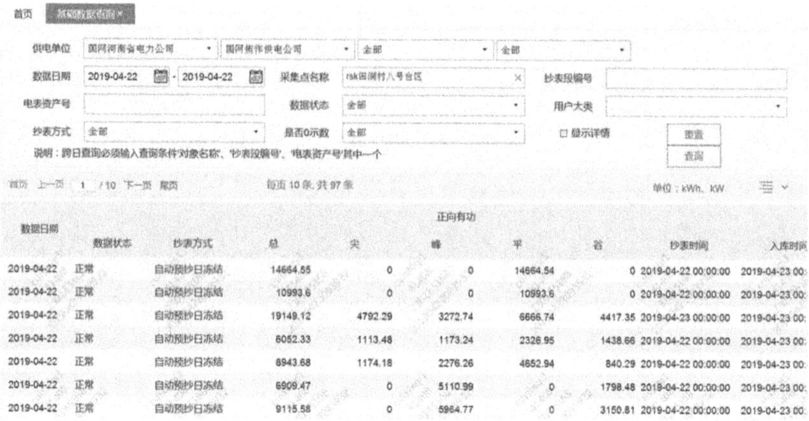

首页　基础数据查询×

供电单位　国网河南省电力公司　国网焦作供电公司　全部　全部

数据日期　2019-04-22 - 2019-04-22　采集点名称　rsk田涧村八号台区　抄表段编号

电表资产号　数据状态　全部　用户大类

抄表方式　全部　是否0示数　全部　☐ 显示详情　重置　查询

说明：跨日查询必须输入查询条件'对象名称'、'抄表段编号'、'电表资产号'其中一个

首页　上一页　1　/10　下一页　尾页　每页 10 条, 共 97 条　单位：kWh、kW

数据日期	数据状态	抄表方式	正向有功					抄表时间	入库时间
			总	尖	峰	平	谷		
2019-04-22	正常	自动预抄日冻结	14664.55	0	0	14664.54	0	2019-04-22 00:00:00	2019-04-23 00:
2019-04-22	正常	自动预抄日冻结	10993.6	0	0	10993.6	0	2019-04-22 00:00:00	2019-04-23 00:
2019-04-22	正常	自动预抄日冻结	19149.12	4792.29	3272.74	6666.74	4417.35	2019-04-23 00:00:00	2019-04-23 00:
2019-04-22	正常	自动预抄日冻结	6052.33	1113.48	1173.24	2326.95	1438.66	2019-04-22 00:00:00	2019-04-23 00:
2019-04-22	正常	自动预抄日冻结	8943.68	1174.18	2276.26	4652.94	840.29	2019-04-22 00:00:00	2019-04-23 00:
2019-04-22	正常	自动预抄日冻结	6909.47	0	5110.99	0	1798.48	2019-04-22 00:00:00	2019-04-23 00:
2019-04-22	正常	自动预抄日冻结	9115.58	0	5964.77	0	3150.81	2019-04-22 00:00:00	2019-04-23 00:

图 3-35

查询结果如图 3-36 所示。

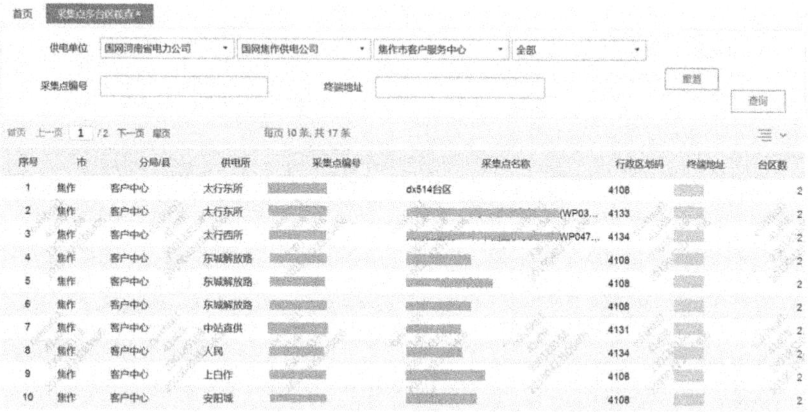

首页　采集点多台区核查×

供电单位　国网河南省电力公司　国网焦作供电公司　焦作市客户服务中心　全部

采集点编号　终端地址　重置　查询

首页　上一页　1　/2　下一页　尾页　每页 10 条, 共 17 条

序号	市	分局/县	供电所	采集点编号	采集点名称	行政区划码	终端地址	台区数
1	焦作	客户中心	太行东所		dx514台区	4108		2
2	焦作	客户中心	太行东所		(WP03...	4133		2
3	焦作	客户中心	太行西所		WP047...	4134		2
4	焦作	客户中心	东城解放路			4108		2
5	焦作	客户中心	东城解放路			4108		2
6	焦作	客户中心	东城解放路			4108		2
7	焦作	客户中心	中站直供			4131		2
8	焦作	客户中心	人民			4134		2
9	焦作	客户中心	上白作			4108		2
10	焦作	客户中心	安阳城			4108		2

图 3-36

点击【台区数】,跳转到采集点对应台区用户明细,如图 3-37 所示。根据核查采集点下所带电表台区名称,梳理修正台区档案。

3.4.3　台区高损分析

台区高损的常见现象如图 3-38 所示。

采集点对应台区用户明细

首页 上一页 14 /14 下一页 尾页　每页 10 条, 共 133 条

序号	采集点编号	采集点名称	行政区划	终端地址	用户编号	用户名称	用电地址	计量点编号	计量点名称	电表资产编号	台区编号	台区名称
131			4108						1:F			
132			4108						1:居民			

图 3-37

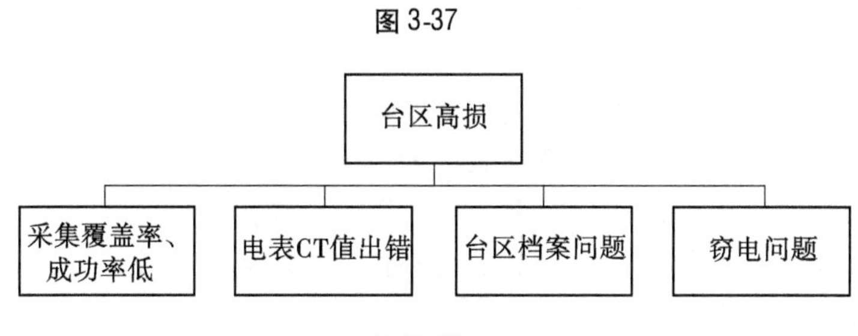

图 3-38

3.4.3.1　采集覆盖率、成功率低

因台区内存在电表未加入电采系统或电采系统未采集成功造成电量无法计入线损考核,未抄电表带来的电量实际上并未损失,但是在系统考核单元线损分析时无法计入售电量中,导致台区高损,如图 3-39 所示。

首页　考核单元台区线损分析

供电单位：国网河南省电力公司　国网焦作供电公司　焦作市客户服务中心　全部

考核单元名称：　统计周期：日　日期：2019-04-21

统计口径：全口径　组合标志：全部　台区编号：

线损量：　线损率：　采集数据完整率：

采集档案完整率：　负责人姓名：　线损类型：高损

对象名称：从右侧导航栏选择台区/群组　负责人营销工号：　重置　查询

首页 上一页 1 /1 下一页 尾页　每页 10 条, 共 1 条　单位：%、kWh

组合标志	台区编号	理论线损	供电量	售电量	线损量	线损率	线损类型	采集档案完整率	采集数据完整率
否		4.64	694	6.59	687.41	99.05	高损	100.00	12.90

图 3-39

图 3-39 所示台区采集档案完整率(覆盖率)为 100%、采集数据完整率(成功率)仅为 12.90%,大量电表电量未计入售电量中,台区高损。

3.4.3.2　CT 值出错

电表互感器综合倍率需保证现场与营销及电采系统保持一致，如营销系统与现场不一致，需进行修正调整；如 CT 值电采系统与营销系统中不一致，需进行“档案同步”操作流程，保持电采与营销系统档案的一致性。

3.4.3.3　台区档案问题

台区档案准确且完整才能保证线损计算的准确性，如现场存在本台区电表，但营销系统未录入或在其他台区台账上，系统无法计算此部分电表电量，台区高损。电采系统中以下路径可辅助分析台区异常档案问题：选择【业务应用】→【同期线损】→【数据核查】→【采集点多台区核查】，选择供电单位、采集点编号和终端地址，点击【查询】，查询结果如图 3-40所示。

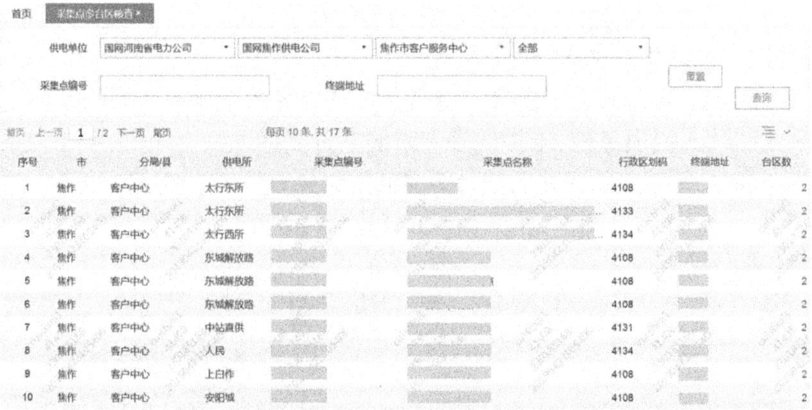

首页　采集点多台区核查 ×

供电单位　国网河南省电力公司　国网焦作供电公司　焦作市客户服务中心　全部

采集点编号　　终端地址　　重置　查询

首页　上一页　1　/2　下一页　尾页　　每页 10 条，共 17 条

序号	市	分局/县	供电所	采集点编号	采集点名称	行政区划码	终端地址	台区数
1	焦作	客户中心	太行东所			4108		2
2	焦作	客户中心	太行东所		...	4133		2
3	焦作	客户中心	太行西所		...	4134		2
4	焦作	客户中心	东城解放路			4108		2
5	焦作	客户中心	东城解放路			4108		2
6	焦作	客户中心	东城解放路			4108		2
7	焦作	客户中心	中站直供			4131		2
8	焦作	客户中心	人民			4134		2
9	焦作	客户中心	上白作			4108		2
10	焦作	客户中心	安阳城			4108		2

图 3-40

3.4.3.4　窃电问题

(1)不经过电表擅自从表前取电。

(2)开表盖进行窃电。

(3)电表进出线短接窃电。

(4)电表火线、进出线接反。

3.4.4　中压线损管理

中压线损,即中压同期线损,是 10 kV 及以下电压等级的分线线损,包括线路损耗、高供低计方式的配电变压器损耗、高供低计方式的专变损耗。

供电量:通过起始开关找到对应计量点,根据计量点数据来源找到对应电能表,根据同期抄表例日获得上下表底计算出计量点电量,如果输入侧有多个计量点,则根据计算关系进行相加或相减。

配电线路售电量由以下两部分组成:

(1)高压用户(计量点):由于存在一户多个计量点对应多条线路的情况,所以查找线路下高压用户时是查找的高压用户对应的一级计量点,根据同期抄表例日获得上下表底,计算出对应计量点电量。

(2)台区:查询线路下的台区是查找的台区总表,根据同期抄表例日获得上下表底,计算出台区总表计量点电量。

中压线损各项指标及数据查询路径如下:计量专业数据挖掘展示中心→【中压线损】模块,如图 3-41 所示。

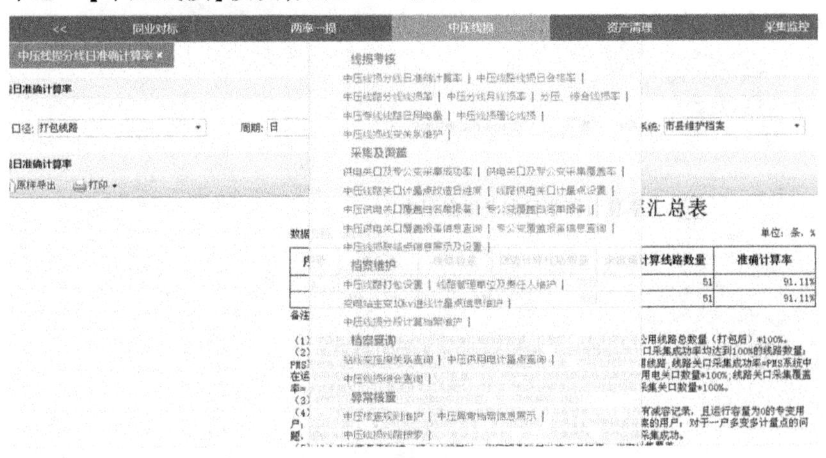

图 3-41

3.5 三相不平衡分析应用

三相不平衡是指在电力系统中三相电流(或电压)幅值不一致,且幅值差超过规定范围,计算式为

$$\text{不平衡度}(\%)=\frac{\text{最大电流}-\text{最小电流}}{\text{最大电流}}\times 100\%$$

当三相负载不平衡运行时,中性线即有电流通过,对相线和中性线产生损耗;增加配电变压器的电能损耗;配变处于三相负载不平衡工况下运行,负载轻的一相就有富余容量,从而使配变的出力减少;配变产生零序电流,影响用电设备的安全运行;电动机效率降低,同时,电动机的温升和无功损耗将随三相电压的不平衡度而增大。

三相不平衡的治理可有效降低变压器、线路的铜损、铁损,通过平衡三相电流,减小负载电流的不平衡度,极大地降低负载电流在变压器、线路上的有功损耗。

查询路径:【业务应用】→【配变监测】→【三相不平衡分析】,选择供电单位、统计口径、日期、台区类型,点击 查询 ,查询结果如图 3-42 所示。

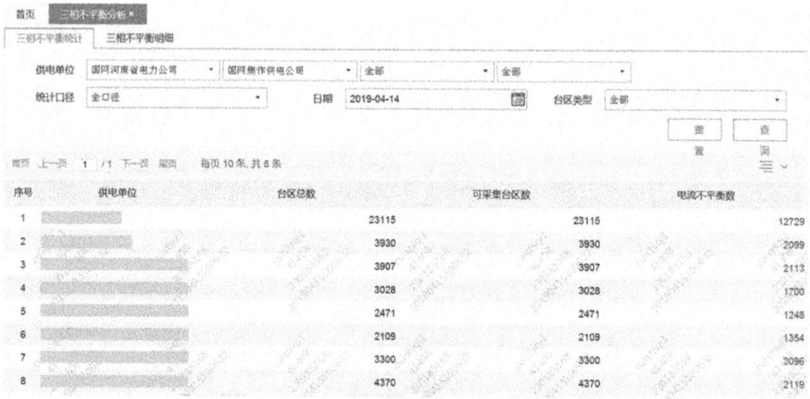

首页 三相不平衡分析 ×

三相不平衡统计 三相不平衡明细

供电单位 国网河南省电力公司 国网焦作供电公司 全部 全部

统计口径 全口径 日期 2019-04-14 台区类型 全部

重置 查询

首页 上一页 1 /1 下一页 尾页 每页 10 条,共 8 条

序号	供电单位	台区总数	可采集台区数	电流不平衡数
1		23115	23115	12729
2		3930	3930	2099
3		3907	3907	2113
4		3028	3028	1700
5		2471	2471	1248
6		2109	2109	1354
7		3300	3300	2096
8		4370	4370	2119

图 3-42

点击明细数字即可跳转到三相不平衡明细页面中，如图 3-43 所示。

首页　三相不平衡分析 ×
三相不平衡统计　三相不平衡明细
供电单位　国网河南省电力公司　国网焦作供电公司　焦作市客户服务中心　全部
日期选择　2019-04-14　台区类型　全部　是否电流不平衡　是
统计口径　全口径　所属台区　重置　查询
首页　上一页　1 / 210　下一页　尾页　每页 10 条，共 2099 条

序号	供电单位	台区编号	台区名称	台区类型	数据日期	是否电流不平衡	最大不平衡度数值
1	宁郭			专变	2019-04-14	是	0.94
2	宁郭			专变	2019-04-14	是	1
3	宁郭			公变	2019-04-14	是	0.95
4	阳庙			公变	2019-04-14	是	1
5	宁郭			专变	2019-04-14	是	1
6	宁郭			专变	2019-04-14	是	1
7	阳庙			公变	2019-04-14	是	0.99
8	宁郭			专变	2019-04-14	是	1
9	王封			专变	2019-04-14	是	1
10	恩村			公变	2019-04-14	是	0.85

图 3-43

点击【台区编号】即可查看该台区的三相不平衡率，如图 3-44 所示。

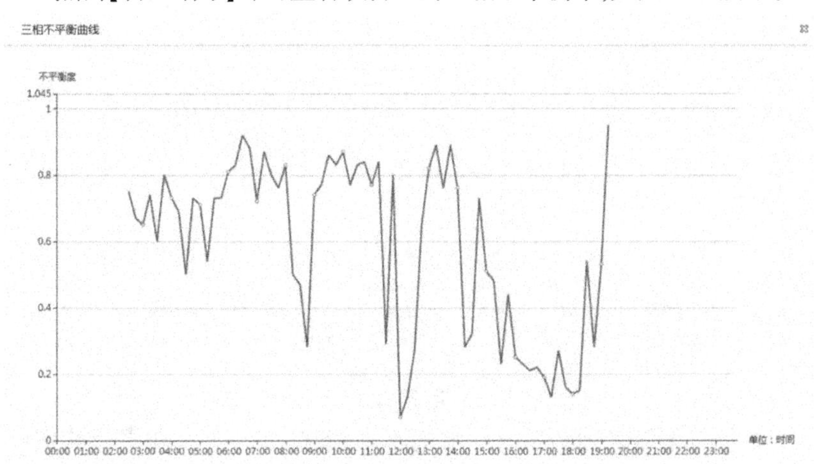

图 3-44

选择【统计查询】→【采集数据查询】→【基础数据查询】，右侧选中台区采集点，根据用户大类、数据日期进行查询，点击【查询】，显示

下列列表工单数据，如图 3-45 所示。

首页　基础数据查询 ×

供电单位　国网河南省电力公司　国网焦作供电公司　全部　全部

数据日期　2019-04-14 - 2019-04-14　采集点名称　抄表段编号

电表资产号　数据状态　全部　用户大类　公用配变考核计量点（F类）

抄表方式　全部　是否0示数　全部　☐ 显示详情　重置　查询

说明：跨日查询必须输入查询条件'对象名称'、'抄表段编号'、'电表资产号'其中一个

首页　上一页　1　/ 1　下一页　尾页　每页 10 条，共 1 条　单位：kWh、kW

序号	供电单位	用户编号	用户名称	用户地址	电表资产号	数据日期	数据状态	抄表方式
1	宁郭			宁郭		2019-04-14	正常	自动预抄日冻结

图 3-45

点击列表栏工单中的电表资产号，可根据条件查询，查看【曲线数据】界面中的电流数据，如图 3-46 所示。

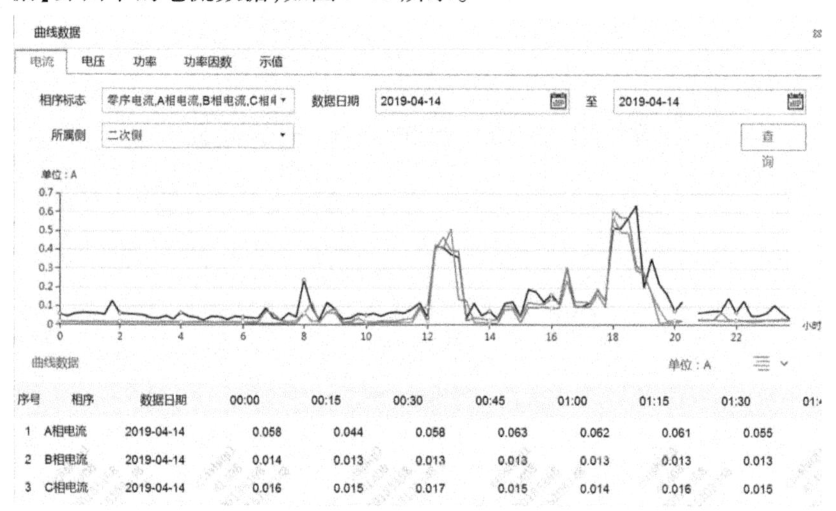

序号	相序	数据日期	00:00	00:15	00:30	00:45	01:00	01:15	01:30
1	A相电流	2019-04-14	0.058	0.044	0.058	0.063	0.062	0.061	0.055
2	B相电流	2019-04-14	0.014	0.013	0.013	0.013	0.013	0.013	0.013
3	C相电流	2019-04-14	0.016	0.015	0.017	0.015	0.014	0.016	0.015

图 3-46

根据查询结果判断系统电流的不平衡状态，计算三相平衡状态时各相所需转换的电流值。通过调整台区负荷挂接或安装三相不平衡治理装置（AUC）的方式，使电网达到三相平衡状态。

3.6　多表合一应用

多表合一数据集中采集(简称多表合一)是依托现有用电信息采集系统的典型技术方案,以用电信息采集系统基本架构为导向,充分利用其采集终端和信道资源,通过数据采集、数据传输、数据分析三个阶段建立数学模型。

该集抄系统主要由主站系统、集中器、转换器、用户表(水、气、热表)等构成。主站系统与集中器之间的通信信道可以根据具体情况选择不同的通信信道,如 GPRS、光纤或宽带网络等;集中器和转换器之间采用 PLC(电力载波)、RF(微功率无线)或 RS - 485 方式通信;转换器与用户表(水、气、热表)之间采用 M - Bus、RF(微功率无线)或 RS - 485 方式通信。集中器作为抄表系统中的网络节点,手持设备既可作为集中抄表系统的一种辅助设备,也可作为独立集中器抄表系统的主要设备。一个主站系统可以管理多个集中器,一个集中器下辖多个转换器。

“多表合一”信息采集方案应根据建筑结构特点,以及电、水、气、热表的分布方式和安装位置等因素合理选择。选择“多表合一”信息采集方案时还应考虑与用电信息采集系统方案的融合接入。几种典型“多表合一”信息采集方案如表3-1 所示。

表3-1

集中器本地通信方式	电能表通信方式	水、气、热表通信方式	采集方案	方案特点
微功率无线	微功率无线	微功率无线	电能表无线采集	1. 电能表和水、气、热表采用同一无线技术,但组网方案不同; 2. 电能表通信单元作为水、气、热表数据接入设备,实现多表数据采集

续表 3-1

集中器本地通信方式	电能表通信方式	水、气、热表通信方式	采集方案	方案特点
电力线载波	电力线载波	微功率无线	电能表双模采集	1. 电能表通信单元采用电力线载波和微功率无线双模通信方式； 2. 电能表通信单元作为水、气、热表数据接入设备，实现多表数据采集
电力线载波/微功率无线	电力线载波/RS－485	微功率无线/M－Bus(水、热表无外供电源电子阀)	通信接口转换器采集	1. 水、气、热表的数据通信接口不同； 2. 通信接口转换器作为水、气、热表数据接入设备，实现多表数据采集
电力线载波/微功率无线	电力线载波/RS－485	微功率无线/M－Bus(水、热表无外供电源电子阀)	通信接口转换器采集＋阀控	1. 水、气、热表通信接口不同； 2. 通信接口转换器作为水、气、热表数据接入设备； 3. 加装 12 V 直流电源，实现水、气、热表阀门控制

通信接口转换器采集方案是目前运用较多的“多表合一”技术方案。用电信息采集系统本地通信采用 RS－485 总线、电力线载波等通信方式，水、气、热表采用不同的数据通信端口方式，包括微功率无线、M－Bus 总线、RS－485 总线等，可考虑采用通信端口转换器采集方案实现多表数据采集。通信端口转换器通过不同通信端口采集水、气、热表数据，再通过用电信息采集系统本地通信信道将数据上传至集中器，

若水、气、热表安装有阀控装置,还需提供直流 12 V/5 V 的直流电源,如图 3-47 所示。

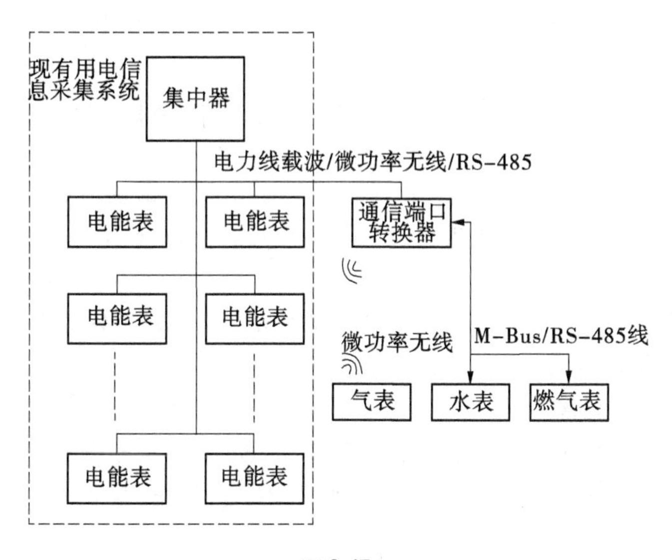

图 3-47

3.7　停上电分析应用

长期以来,供电公司主要依靠供电服务指挥平台进行低压网络故障处理,包括停电抢修的组织调度和工单派发等。但对停电位置、停电规模、所需人员力量和抢修计划的分析主要是基于用户停电后打入的电话来进行的预判,这样对于后续现场处理易造成工作量或恢复时间的误判,衍生处理效率低、成本高和安全隐患多等影响。

若能将用电信息采集系统与供电服务指挥平台进行贯通,由用电信息采集系统根据低压户表、采集器、台区总表或集中器停上电事件,辅助供电服务指挥平台综合分析判断故障真伪、故障地点、故障原因、故障性质和故障范围,加快故障处理响应时间,降低成本,并提高客户满意度和系统运行指标。

依据不同的停电场景,将停电事件分为四大类:全台区停电,分支开关断开或线路损坏导致的多只电能表掉电，表前开关断开导致的单只电能表掉电，电能表表内跳合闸停电。

3.7.1　台区整体停上电

由于配变故障、线路故障等导致的台区整体停电，对生产、生活及人身安全等影响较大，在几类停上电事件上报中等级最高，也是维修最迫切的停电状况。实现台区停上电事件上报，将“被动抢修”变成“主动运维”，是提高供电可靠性、减少用户投诉、提高供电服务质量的关键所在。

采集终端作为用电信息采集系统中数据采集及传输设备，具备事件记录功能，通过读取 ERC14 终端停上电事件（AFN = 04，FN = 9）可初步判断台区停上电情况。查询路径：选择【业务应用】→【电能质量】→【终端停上电查询】，选择供电单位、停电时间、等级标志、上电时间等，点击 查询 ，即可查询所需时段终端停上电结果，如图 3-48 所示。

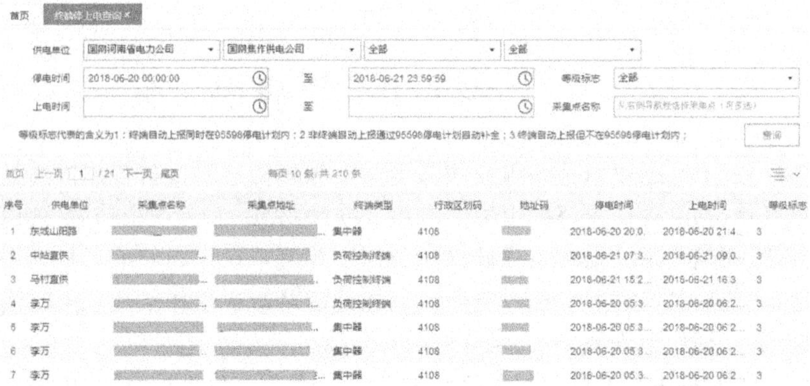

序号	供电单位	采集点名称	采集点地址	终端类型	行政区划码	地址码	停电时间	上电时间	等级标志
1	东城山阳路	[illegible]	[illegible]	集中器	4108	[illegible]	2018-06-20 20:0...	2018-06-20 21:4...	3
2	中站直供	[illegible]	[illegible]	负荷控制终端	4108	[illegible]	2018-06-21 07:3...	2018-06-21 09:0...	3
3	马村直供	[illegible]	[illegible]	负荷控制终端	4108	[illegible]	2018-06-21 15:2...	2018-06-21 16:3...	3
4	李万	[illegible]	[illegible]	负荷控制终端	4108	[illegible]	2018-06-20 05:3...	2018-06-20 06:2...	3
5	李万	[illegible]	[illegible]	集中器	4108	[illegible]	2018-06-20 05:3...	2018-06-20 06:2...	3
6	李万	[illegible]	[illegible]	集中器	4108	[illegible]	2018-06-20 05:3...	2018-06-20 06:2...	3
7	李万	[illegible]	[illegible]	集中器	4108	[illegible]	2018-06-20 05:3...	2018-06-20 06:2...	3

图 3-48

台区总表作为记录台区供电量的重要计量设备，在用电信息采集系统中起到尤为重要的作用，通过电采系统监控其电能示值曲线，可再次确认台区停上电情况。查询路径：选择【统计查询】→【采集数据查询】→【基础数据查询】，根据供电单位、数据日期等信息进行查询，点

击 查询 ,显示如图 3-49 所示。

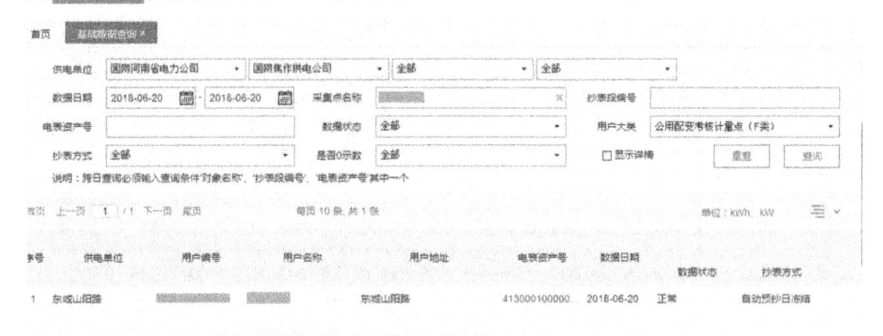

图 3-49

点击列表栏工单中的电表资产号,可根据条件查询,查看曲线数据中的电流、电压、功率、功率因数、示值,如图 3-50 所示。

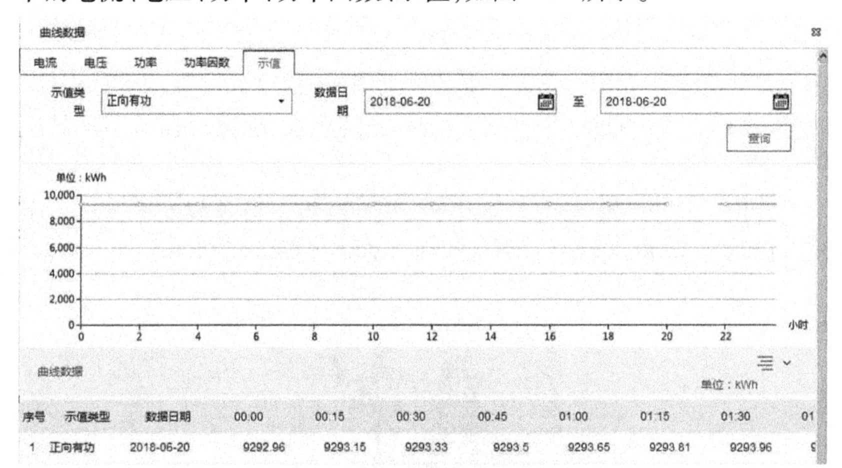

图 3-50

点击右侧导出选项,可导出曲线数据表格,如表 3-2 所示。

表 3-2

时间	18:00	18:15	18:30	18:45	19:00	19:15	19:30	19:45
示值	9304.29	9304.48	9304.69	9304.92	9305.16	9305.39	9305.63	9305.89
时间	20:00	20:15	20:30	20:45	21:00	21:15	21:30	21:45
示值	9306.16							9306.29
时间	22:00	22:15	22:30	22:45	23:00	23:15	23:30	23:45
示值	9306.59	9306.92	9307.24	9307.57	9307.89	9308.2	9308.48	9308.75

根据台区总表电能曲线分析可判断,该台区 2018 年 6 月 20 日 20:00左右停电,上电时间在 21:45 左右,结合"采集终端停上电数据查询分析"可确定该台区具体停上电时间为 20:05,上电时间在 21:41。

3.7.2　表前停电

智能电表作为用电信息采集系统中的智能计量设备,具备掉电事件记录功能。除通过电采系统查询掉电信息外,也可通过专用工具进行查询。

分析工具:电脑、485 调试小板、485 转 232 口,232 转 USB、夹子线,电能表 645 调试软件。串口的连接方式如图 3-51 所示。

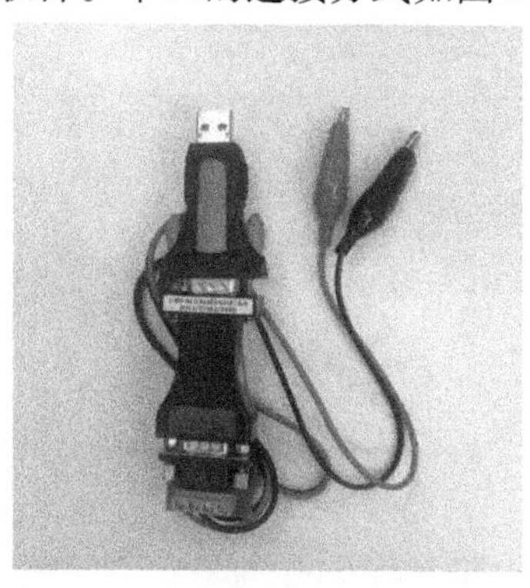

图 3-51

按图 3-51 连接电能表 485 口,利用电能表 645 调试软件读取电能表历史掉电时刻及上电时刻,如图 3-52 所示。

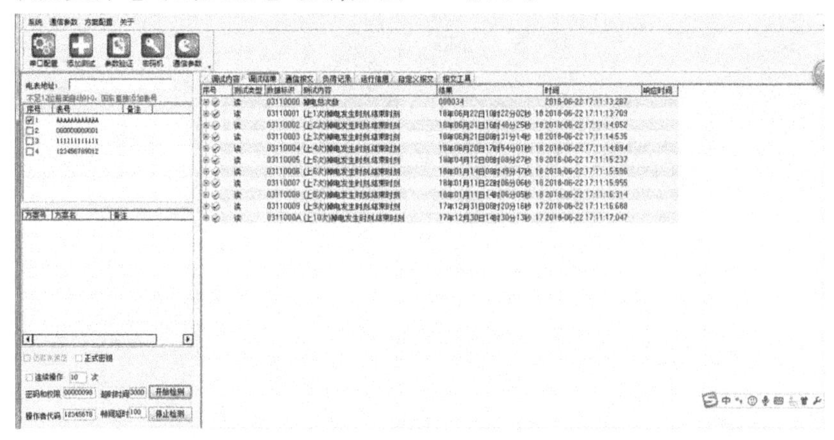

图 3-52

如图 3-53 所示,点开详情可测得该电表每次掉电时刻及上电时刻。

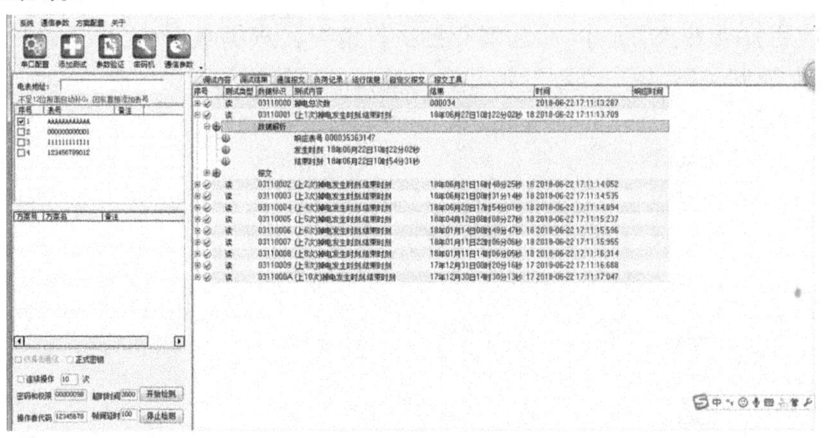

图 3-53

与【终端停上电查询】界面处数据(见图 3-54)比对,可判断此次停电为台区停电而引起的用户表前停电。最近一次掉电时刻:2018 年 6 月 22 日 10 时 22 分 2 秒,结束时刻:2018 年 6 月 22 日 10 时 54 分 31 秒。

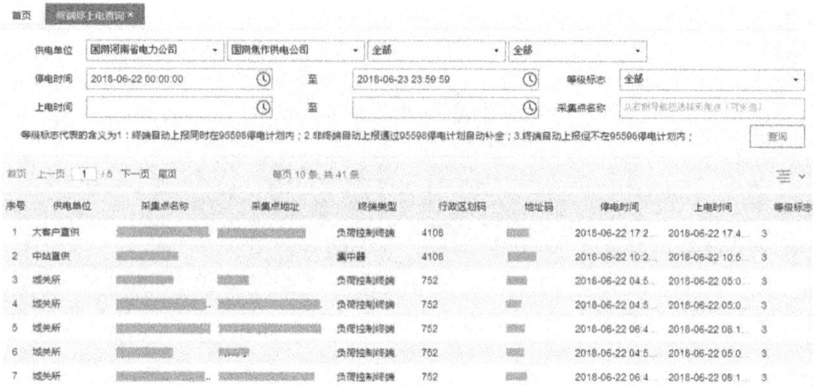

序号	供电单位	采集点名称	采集点地址	终端类型	行政区划码	地址码	停电时间	上电时间	等级标志
1	大客户直供			负荷控制终端	4106		2018-06-22 17:2...	2018-06-22 17:4...	3
2	中站直供			集中器	4106		2018-06-22 10:2...	2018-06-22 10:5...	3
3	城关所			负荷控制终端	752		2018-06-22 04:5...	2018-06-22 05:0...	3
4	城关所			负荷控制终端	752		2018-06-22 04:5...	2018-06-22 05:0...	3
5	城关所			负荷控制终端	752		2018-06-22 06:4...	2018-06-22 08:1...	3
6	城关所			负荷控制终端	752		2018-06-22 04:5...	2018-06-22 05:0...	3
7	城关所			负荷控制终端	752		2018-06-22 06:4...	2018-06-22 08:1...	3

图 3-54

3.7.3　表内跳合闸

智能电表具备内置开关，由于用户欠费或特殊情况导致的表内跳合闸情况，根据用电信息采集系统可监控分析。查询路径：选择【业务应用】→【费控管理】→【远程费控执行情况】，根据供电单位、工单日期、控制类型、用户类型等条件查询费控工单执行的汇总信息，显示如图 3-55 所示。

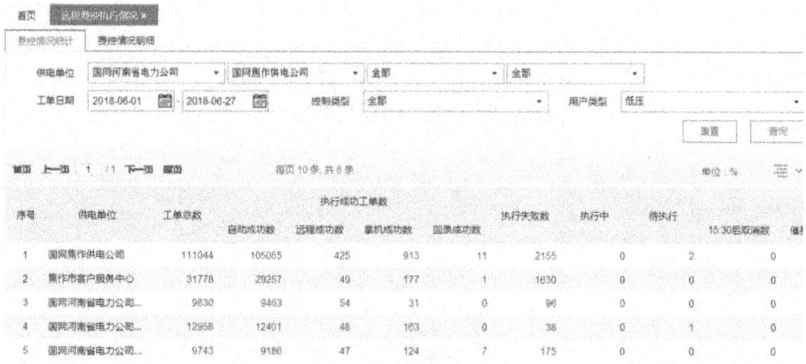

序号	供电单位	工单总数	执行成功工单数				执行失败数	执行中	待执行	
			自动成功数	远程成功数	掌机成功数	回录成功数				15:30后取消数
1	国网焦作供电公司	111044	105065	425	913	11	2155	0	2	0
2	焦作市客户服务中心	31778	29257	49	177	1	1630	0	0	0
3	国网河南省电力公司...	9830	9463	54	31	0	96	0	0	0
4	国网河南省电力公司...	12958	12401	48	163	0	38	0	1	0
5	国网河南省电力公司...	9743	9186	47	124	7	175	0	0	0

图 3-55

深色字体具备超链接功能，点击后会进入对应的费控情况明细页面中，如图 3-56 所示。

费控情况明细 Tab 中，也可直接通过供电单位、工单日期、用户类

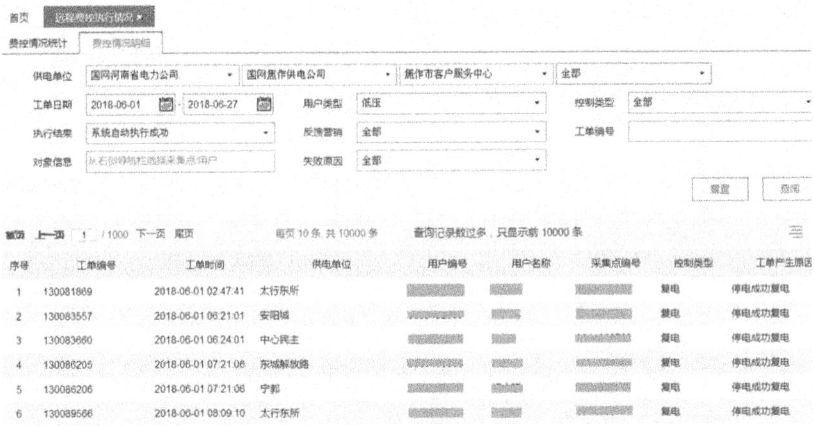

首页　远程费控执行情况 ×

费控情况统计　费控情况明细

供电单位　国网河南省电力公司　国网焦作供电公司　焦作市客户服务中心　全部

工单日期　2018-06-01 - 2018-06-27　用户类型　低压　控制类型　全部

执行结果　系统自动执行成功　反擒营销　全部　工单编号

对象信息　从右侧导航栏选择采集点/用户　失败原因　全部

首页　上一页　1　/1000　下一页　尾页　每页 10 条，共 10000 条　查询记录数过多，只显示前 10000 条

序号	工单编号	工单时间	供电单位	用户编号	用户名称	采集点编号	控制类型	工单产生原因
1	130081869	2018-06-01 02:47:41	太行东所				复电	停电成功复电
2	130083557	2018-06-01 06:21:01	安阳城				复电	停电成功复电
3	130083660	2018-06-01 06:24:01	中心民主				复电	停电成功复电
4	130086205	2018-06-01 07:21:06	东城解放路				复电	停电成功复电
5	130086206	2018-06-01 07:21:06	宁郭				复电	停电成功复电
6	130089566	2018-06-01 08:09:10	太行东所				复电	停电成功复电

图 3-56

型、控制类型、执行结果、工单编号、对象信息等条件查询用户是否存在表内跳合闸记录。

停上电事件上报的实现，解决了停电后事件的即时上报问题。充分利用用电信息采集系统的采集优势，与供电服务指挥平台深度结合，使“被动抢修”转为“主动运维”，进一步解决了供电服务“最后一公里”的问题，全面提升客户服务响应速度和配网运营管理水平。